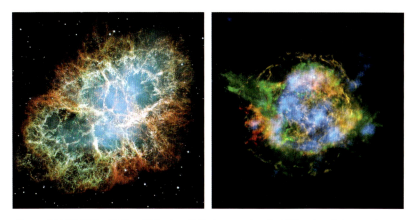

口絵 1 超新星残骸の画像．（左）かに星雲は 1054 年の超新星の跡であり，中心にはパルサー（高速回転する中性子星）が存在する．（右）カシオペア A は 1680 年ごろの超新星の跡であり，新たに作られた重元素がまき散らされている（NASA, Hubble, NuSTAR．本文 p.5, 図 1.3 参照）．

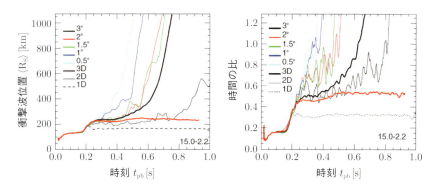

口絵 2 バウンス後の衝撃波ダイナミクスを追う数値シミュレーションの例．衝撃波の位置（左）と移流時間と加熱時間の比 t_{adv}/t_{heat}（右）を 1 次元球対称（破線・点線），2 次元軸対称（細線），3 次元（太線）の場合について示してある．横軸はバウンス後の時刻．同種の線が複数ある場合は空間解像度（角度 θ 方向）が違う例である（[35] の図より一部使用．本文 p.149, 図 7.18 参照）．

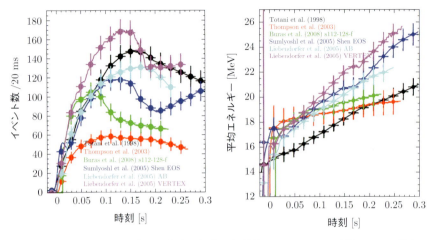

口絵 3　銀河中心で超新星爆発が起きた場合の超新星ニュートリノの予測データ．検出イベント数と平均エネルギーの時間変動がシミュレーション計算ごとに示されている（中畑雅行・小汐由介氏提供，本文 p.170, 図 8.8 参照）．

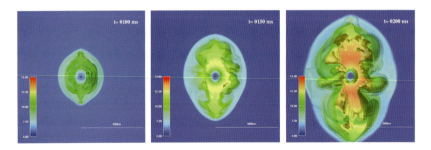

口絵 4　3次元でのニュートリノ輻射流体シミュレーションによる超新星爆発の例．左から右へコアバウンス後の時刻 100, 150, 200 ms におけるエントロピー分布（滝脇知也氏提供，本文 p.179, 図 8.15 参照）[52]．

Frontiers in Physics 21

原子核から読み解く超新星爆発の世界

住吉光介 [著]

基本法則から読み解く**物理学最前線**

須藤彰三 [監修]
岡　真

21

共立出版

刊行の言葉

　近年の物理学は著しく発展しています．私たちの住む宇宙の歴史と構造の解明も進んできました．また，私たちの身近にある最先端の科学技術の多くは物理学によって基礎づけられています．このように，人類に夢を与え，社会の基盤を支えている最先端の物理学の研究内容は，高校・大学で学んだ物理の知識だけではすぐには理解できないのではないでしょうか．

　そこで本シリーズでは，大学初年度で学ぶ程度の物理の知識をもとに，基本法則から始めて，物理概念の発展を追いながら最新の研究成果を読み解きます．それぞれのテーマは研究成果が生まれる現場に立ち会って，新しい概念を創りだした最前線の研究者が丁寧に解説しています．日本語で書かれているので，初学者にも読みやすくなっています．

　はじめに，この研究で何を知りたいのかを明確に示してあります．つまり，執筆した研究者の興味，研究を行った動機，そして目的が書いてあります．そこには，発展の鍵となる新しい概念や実験技術があります．次に，基本法則から最前線の研究に至るまでの考え方の発展過程を "飛び石" のように各ステップを提示して，研究の流れがわかるようにしました．読者は，自分の学んだ基礎知識と結び付けながら研究の発展過程を追うことができます．それを基に，テーマとなっている研究内容を紹介しています．最後に，この研究がどのような人類の夢につながっていく可能性があるかをまとめています．

　私たちは，一歩一歩丁寧に概念を理解していけば，誰でも最前線の研究を理解することができると考えています．このシリーズは，大学入学から間もない学生には，「いま学んでいることがどのように発展していくのか？」という問いへの答えを示します．さらに，大学で基礎を学んだ大学院生・社会人には，「自分の興味や知識を発展して，最前線の研究テーマにおける "自然のしくみ" を理解するにはどのようにしたらよいのか？」という問いにも答えると考えます．

　物理の世界は奥が深く，また楽しいものです．読者の皆さまも本シリーズを通じてぜひ，その深遠なる世界を楽しんでください．

須藤彰三

岡　真

まえがき

　超新星爆発は華々しい天体現象の一つである．星が爆発する前と後，その残骸を示す画像は美しい．この現象はいったい何だろうか．面白そうと思う反面，とても複雑で，私が理解するには難しすぎる，というのが第一印象であった．実際，学ぶのに苦労して，数少ない解説記事を何度も読み返し，あちこちの本から断片的に知識を集め，少しずつ繋がりを見つけて全体像をつかもうとしたのだった．

　本書の執筆依頼を受けた際，基本法則から最先端の研究までを飛び石のように繋ぐという趣旨があると聞いて，原子核から超新星までを迷いながら探索した自分の体験を思い出した．そして，超新星を理解するのに必要な素粒子・原子核・天体物理の基本事項を揃えて，その繋がりを示して爆発メカニズムを説明したい，という思いのもとで原稿を書くことになった．

　本書では，超新星爆発について，中心部で何が起きているのか，そのメカニズムについて解説している．超新星を理解するための基本知識（原子核，高密度物質，中性子星，ニュートリノ反応，天体シミュレーション）を順に説明して，各々の物理過程が役割を果たしており，それらの総合として超新星爆発が起きていることを解き明かしていく流れになっている．

　読者層として想定するのは，主に物理分野の大学3，4年生あたりで研究分野選びをしている学生，超新星分野に興味のある大学院生や研究者，物理を学んだ社会人の方々等である．読者の皆さんが，物理過程がどのように繋がって爆発メカニズムが成り立っているのか，原子核やニュートリノによる爆発シナリオを理解していただけたら，本書としては成功である．

　本書は，原子核スケールから見た超新星爆発メカニズムの解説という特色を持っている．原子核から星までをたどって私が探求してきた道のりに沿った流

れの構成となった．超新星に関する多くの本は天文観測や天体物理の観点から書かれているが，本書では，中心部の高温高密度における物理過程を明らかにすることが主眼となっている．

そこには，原子核物理分野の出身者として，原子核と超新星というかけ離れた事柄が繋がっていることの面白さを伝えたいという思いがある．原子核や超新星に興味を持つ方，研究をしたいという方が一人でも多く増えることに貢献できるなら，この上ない幸せである．原子核理論から超新星という研究テーマを希望した私を励ましてくださった土岐博先生に改めて感謝の意を表したい．

長い年月の執筆期間，辛抱強く対応してくださった出版社の方々（島田誠，髙橋萌子両氏），長大な原稿に目を通して後押しくださった岡真先生に深く感謝したい．執筆途中で重力波検出などを受けて書き直したとき，まさに教科書は書き換えられるのだと実感した．ここで書いた内容は現時点で全体像を理解するために必要な流れを記したものと考えている．

執筆にあたり図の提供や質問対応など多くの方のありがたい支援をいただいた．原稿を細かく見てくださった方々，杉浦健一，諏訪雄大，祖谷元，滝脇知也，田中雅臣，富樫甫，中里健一郎，山崎由起（敬称略）各氏には特に感謝を表したい．また，鈴木英之・山田章一両氏，ドイツでの恩師 W. Hillebrandt 氏，共同研究者の皆さんにもこの場を借りてお礼申し上げたい．

最後に，物理の研究という道を見守ってくれた両親，本書の執筆や研究に没頭する日々の生活を支えてくれた妻に感謝の意を表したい．家族との時間をやりくりしながら過ごした研究生活の証として，ようやく出版に至った本書を家族の皆に捧げたい．

2018 年 9 月　　　　　　　　　　　　　　　　　　　　　　住吉光介

目　次

第1章　原子核から超新星まで　　　　　　　　　1

1.1　はじめに：超新星 SN1987A の出現 . . . . 　1

1.2　超新星とは何か . . . . 　3

1.3　超新星の爆発メカニズムを探るための鍵 . . . . 　8

第2章　原子核の安定性・不安定性　　　　　　　13

2.1　原子核の種類と核図表 . . . . 　13

2.2　原子核の質量公式 . . . . 　17

2.3　不安定な原子核 . . . . 　20

2.4　宇宙における原子核 . . . . 　23

第3章　高密度物質の状態方程式　　　　　　　　29

3.1　フェルミ粒子ガス . . . . 　29

3.2　核物質の基本的な性質 . . . . 　31

3.3　原子核の実験データと状態方程式 . . . . 　34

3.4　核力と核子多体理論 . . . . 　37

3.5　核物質と原子核を扱う平均場理論 . . . . 　42

3.6　高温高密度物質の状態方程式データ . . . . 　47

第4章　高密度天体の内部構造　　53

4.1　星の静水圧平衡形状 54

4.2　一般相対論による扱い 56

4.3　高密度における化学平衡 58

4.4　中性子星の内部構造と組成 62

4.5　中性子星の観測データと理論モデル 69

第5章　ニュートリノと物質の相互作用　　81

5.1　弱い相互作用とニュートリノ 81

5.2　中性子のベータ崩壊 83

5.3　陽子・原子核の電子捕獲反応 86

5.4　原子核によるニュートリノ散乱 89

5.5　ニュートリノ吸収・放出による物質の加熱・冷却 93

第6章　流体力学とニュートリノ輻射輸送　　99

6.1　流体力学と状態方程式 100

6.2　衝撃波と流体力学的不安定性 103

6.3　ニュートリノ輻射輸送方程式 110

6.4　拡散から自由伝播まで 115

6.5　ニュートリノ輻射流体力学の数値シミュレーション 121

第7章　重力崩壊から爆発まで　　125

7.1　鉄コアの重力崩壊 126

7.2　電子捕獲反応とニュートリノの閉じ込め 130

7.3　コアバウンスと衝撃波発生 134

7.4	衝撃波の伝播と停滞	138
7.5	ニュートリノ加熱による衝撃波の復活	141
7.6	多次元における爆発へ	147
7.7	原始中性子星の誕生と超新星ニュートリノ	150

第8章　爆発メカニズムの解明へ向けて　　　159

8.1	爆発エネルギーと重元素合成	160
8.2	超新星ニュートリノと重力波	168
8.3	爆発における多次元効果	175
8.4	高温高密度物質の状態方程式による影響	182
8.5	ニュートリノ反応過程による影響	188
8.6	原子核理論・加速器実験・天体観測による探求	191
8.7	スーパーコンピュータと計算科学の寄与	194

参考図書	**197**
参考文献	**199**
索　引	**203**

第1章 原子核から超新星まで

1.1　はじめに：超新星 SN1987A の出現

　1987 年 2 月 23 日，南米チリの天文台で天体観測をしていた大学院生は前日にはなかった明るい点を発見し，外へ出てみると「新しい星」が明るくなっているのを目撃した．SN1987A と名付けられた超新星の発見である（図 1.1）．超新星は重い星の最期に起きる爆発現象であり，広い宇宙において超新星爆発は日々起きているが，直接目で見ることができるのは 400 年ぶりであった．我々の銀河（天の川銀河）の隣にある大マゼラン雲で起きた，この明るい超新星は様々な観測手段によって詳しく調べられて天文物理に新たな知見をもたらした．

図 1.1　超新星 SN1987A の画像．（右）爆発前，（左）爆発後（©Akira Fujii/David Malin Images）．

そして多くの学生や研究者の人生を変えた.

　超新星出現の知らせを受けて,岐阜県神岡町(当時)地下の水タンク実験観測施設(カミオカンデ)で得られた観測データが東京へ送られて,SN1987A 超新星爆発に伴って放出されたニュートリノを捉えたかどうか探るため,その記録データが大学院生と研究スタッフにより緊急に解析された.そして,大量の解析データ出力の中から超新星からやってきた 11 個のニュートリノシグナルが発見されたのである(図 1.2).この発見は,太陽系外の宇宙から飛来したニュートリノを世界で初めて検出したものであり,ニュートリノ天文学分野を切り開いた功績により,2002 年のノーベル物理学賞受賞(小柴昌俊博士)の対象となった.超新星ニュートリノの発見は多くの研究者にインパクトを与え,超新星爆発が起こる理論メカニズムの土台が築かれるとともに,素粒子・原子核などの周辺分野へも波及効果をもたらした.また,さらなるニュートリノ観測による研究へと発展したことにより,のちの 2015 年ノーベル物理学賞受賞(梶田隆章博士・ニュートリノ振動)や,それに匹敵する物理学上の研究発展,そして次世代の研究プロジェクトへと繋がっていった.

　このように超新星爆発は華々しい天体現象であり,その研究の世界でもドラマチックな展開が起こっており,多くの人々・研究者を魅了してきた.私もそ

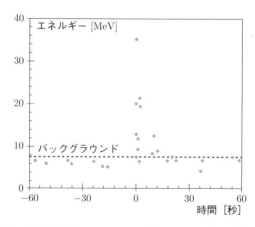

図 1.2 カミオカンデで発見された SN1987A からのニュートリノ観測シグナル.10 秒ほどの間に 11 個が検出された(東京大学宇宙線研究所 web ページより).

の中の一人と言っていいだろう．SN1987A の当時，一介の学部生であった私には，はるか遠くの宇宙・星の話と思っていたことが，実は物理で学んだ身近な事柄とつながっていることがわかり，その面白さにどんどん引き込まれていき，超新星へ向けて人生の方向が定められた．そののち私の研究は様々な分野の研究ステップを経て，最新鋭のスーパーコンピュータを駆使して爆発が起きるかどうかを探る研究プロジェクトへと繋がっていったのである．

　本書では，超新星爆発において何が起きているのか，物理学の基本事項からスタートし，どのようにして爆発が起きるのかを解き明かして，爆発メカニズムを探る研究の最前線までを解説する．重い星がなぜ爆発を起こすのか，そのメカニズムは 50 年来の謎であり，今も解明されていない部分が多く残されている．問題が難しい理由は，高温高密度の極限的な環境で起こる複雑な過程にあり，原子核レベルの微視的なスケールで起きることが星の巨視的なスケールの変動を決めているからである．星のダイナミクスに素粒子・原子核における事柄が組み合わさり，爆発が起きるかどうかの運命が決まる，と言っても過言ではない．私が超新星爆発の面白さに引き込まれているのは，このように原子核と超新星というスケールの違うものが密接に繋がっていて，小さな変動が巨大な星をも揺るがすインパクトを持っているところにある．

　こうした観点を踏まえて，本書では超新星内部で起きる微視的な物理過程について重点をおいており，内容は天文現象としての超新星の解説書とはやや趣が異なるものになっている．ここでの狙いは超新星爆発がどのように起きているのか，その内部を明らかにすることである．実際に爆発メカニズム自体を解明するためには，素過程を十分に理解することが不可欠であることがわかるだろう．以下では，超新星爆発の面白さについて見ていくとともに，物理過程がどのように星全体のダイナミクスに関わるのか，もう少し詳しく述べて，本書の内容を概観する．

1.2　超新星とは何か

　超新星とは，ある日突然，夜空に明るい天体が現れ，しばらく輝いた後，や

4　第1章　原子核から超新星まで

がて暗くなって消えてしまう突発天体現象である．星が新しく現れたような名前であるが，実は星の一生の終わりに起こる現象である．その明るさはピーク時に太陽の1–100億倍にも達して銀河1つの明るさにも匹敵するほどである．このような超新星は年間数百個以上も観測されており[1]，1つの銀河では100年で1–3回程度の頻度で起きている．古くは2世紀の中国での記録があり，日本では藤原定家による明月記の中にも記述がある．この急に明るく輝いて消えてしまう超新星は大爆発現象である．上述のSN1987Aの例でも，以前に同じ領域を撮影した天体画像に写っていた星があり，超新星が暗くなった後に見てみると，その場所には星がなくなっていることがわかっている．これらの爆発は様々な分類がされているが，爆発メカニズムで分けた場合には約半分の割合で熱核反応型超新星と重力崩壊型超新星であることがわかっている[2]．前者は連星の中で，進化を終えた軽い星[3]に物質が降り積もり限界質量を超えた際に爆発的な原子核反応を起こして爆発するものである．実は，この爆発メカニズムにも未解決課題が多いのだが，本書では後者のみについて扱う．重力崩壊型超新星は太陽質量の約10倍以上の質量を持つ大質量星が進化の最終段階に星を支えきれずに重力崩壊を起こした結果，星全体を吹き飛ばす爆発に至るものである．

　超新星爆発の後には様々なものが残されるので，それらは星や物質との繋がりを探る手がかりとなる．例えば，重力崩壊型超新星の後には，中性子星あるいはブラックホールが残される．ハッブル望遠鏡の写真などで有名な「かに星雲」は中国・日本の書物に記録が残されている1054年に観察された超新星の残骸である（図1.3左）．かに星雲の中心には，規則正しい電波を出すパルサーが存在することがわかっている．パルサーは高速で回転する天体であり，太陽質量($M_\odot$)の1–2倍程度，半径は10 km程度の「中性子星」と呼ばれる高密度天体である．その密度は1 cm^{3}に数億トン以上の質量が詰まった状態であり，地

---

[1] SN2016A, SN2016B, などと年号とアルファベット順で名前が付けられてきた．最近では大規模な超新星探索プロジェクトによる観測例が急増しており，すべてに通し番号を付けるのが追いつかないほど多く観測されている．

[2] この2つは代表格であり，それ以外にも頻度は少ないものの，さらに極端な爆発例など，特別な爆発型もあると考えられている．

[3] 白色矮星と呼ばれる．

1.2 超新星とは何か

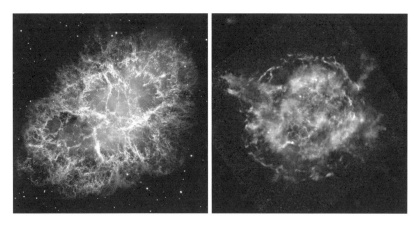

図 1.3 超新星残骸の画像．(左) かに星雲は 1054 年の超新星の跡であり，中心にはパルサー (高速回転する中性子星) が存在する．(右) カシオペア A は 1680 年ごろの超新星の跡であり，新たに作られた重元素がまき散らされている (NASA, Hubble, NuSTAR, 口絵 1 参照).

球上では達成できない極限世界である．さらに質量の大きい星からの超新星の場合などには中性子星としては生き残れず，さらにつぶれてブラックホールが残されると考えられる．重い星の運命は超新星現象によって決まるのである．

また，超新星爆発の際には大量の元素が新たに作られて，周辺にまき散らされる．例えば，1680 年ごろの超新星爆発の残骸と考えられるカシオペア A には新たに作られた重元素の証拠となるチタニウム (^{44}Ti, 不安定な原子核) が見つかっている (図 1.3 右)．爆発時には物質が高温高密度になるため，様々な原子核反応が急激に起こり，周期表上の多様な元素が合成される．超新星爆発は，宇宙のはじまりのビッグバン，星の進化と並ぶ元素の起源の一つである．中でも，鉄よりも原子番号の大きい重元素のうち金・プラチナなどの貴金属，レアアース元素，ウランなどの希少で価値がある重元素は，重力崩壊型超新星のような爆発的環境で生成されると考えられてきた．こうした元素合成の様相は爆発の仕方によって異なるので，元素組成のパターンにも違いが現れるだろう．様々な星から作られる元素が銀河内でまき散らされる．それがもとになり新しい星が生まれて，やがて死を迎えて，再び爆発に至る．このような星と元素の進化サイクルを経て宇宙・太陽系内の元素のもとが作られている．星と元素の

6   第1章 原子核から超新星まで

関係の鍵を握るのも超新星爆発である.

　それでは,どのような星が超新星に至った後,中性子星・ブラックホールが誕生したり,重元素が作られるのだろうか.宇宙には太陽のような星だけでなく,様々な質量を持った星がある.その中で,どの星が爆発するのか,それとも爆発せずにつぶれてしまうのだろうか.中性子星か,あるいはブラックホールに至る星の末路の境目はまだわかっておらず,爆発メカニズムの解明が鍵である.もし星によって超新星爆発のメカニズムが異なるなら,合成される元素も違ったものになる.どのような星の爆発であれば重い元素が作られるのだろうか.超新星で金・プラチナ・レアアース元素を作るのは難しいのだろうか.こうした質問に答えるためには,星から超新星へ至る道筋の全容を解明することが不可欠である.

　このように宇宙・星・元素にとって重要な超新星爆発はどのように起こるのか,図1.4により大枠のシナリオを見ておこう(詳しくは7,8章).シナリオのはじまりは,太陽質量の約10倍以上の質量を持つ星の中心にできる鉄が主成分の中心部分,鉄コアである.鉄コアの中では電子捕獲反応などが起きて,重力に対して構造を支える圧力が足りなくなるため,鉄コアがつぶれ始めて密度・温度が上昇する(重力崩壊開始).電子捕獲反応ではニュートリノが発生して,はじめは外へ飛んで逃げて行くのだが,重力崩壊により内部の密度が高くなるとニュートリノと物質の反応が頻繁になり,ニュートリノは脱出できなくなり中心部にたまり始める(ニュートリノ閉じ込め).さらに重力崩壊が続き,これ以上は圧縮できないという「限界密度」を超えると,中心が急に固くなり外向きにはね返って衝撃波が発生する(コアバウンス).このときの衝撃波が外向きに伝わり鉄コアの表面に達すれば,さらに外層の物質を突き抜けて星全体の爆発に至る(超新星爆発).爆発に伴い,中心部にはニュートリノを多く含む高温高密度の天体が誕生する.この天体が冷えていったのちに残るのが中性子星である.爆発と中性子星誕生の際にはニュートリノが大量に放出される.これらがSN1987Aで観測された超新星ニュートリノである.また,周辺領域では衝撃波の伝播とともに温度上昇による核反応が急激に起こり爆発的元素合成が行われる.

　このシナリオの各要素を物理過程からスタートして概説し,爆発メカニズム

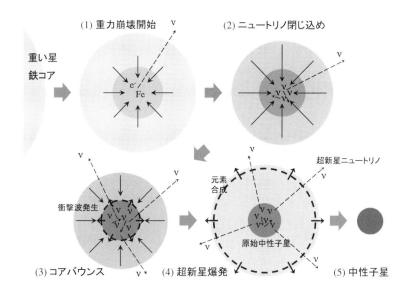

図 1.4 重力崩壊型超新星の爆発メカニズムの概要．重い星の中心部にある鉄コアの重力崩壊から始まり，密度・温度が高まる中で発生したニュートリノが閉じ込められたまま，コアバウンスが起こり衝撃波が発生して，星の爆発に至る．爆発の際には超新星ニュートリノが放出され，周辺では元素合成が起こり，中心には中性子星が残される．

についての大枠を理解できるようにしたい，というのが本書の狙いである．超新星の中身を理解するうえで難しい点は，大きく異なるスケールの対象を扱うところにある．したがって，各スケールでの物理過程を理解したうえで，どれくらいの大きさ・時間・質量・エネルギー等のスケールなのかを把握できるようになるとよい．例えば，星がつぶれ始めてから爆発するまでが約 1 秒，超新星ニュートリノの放出が数 10 秒程度と短い時間に多くのことが起こっている．この時間スケールは何で決まっているのだろうか．鉄コアの質量は太陽質量程度であり，半径は地球半径 ($\sim 6400\,\mathrm{km}$) 程度[4]とすでに高温高密度である．ここから中性子星の半径 $10\,\mathrm{km}$ 程度へ向かってつぶれていき，短い時間で何桁にもわたり密度が急上昇している．したがって扱うことになる密度・温度の範囲は非常に広いものになる．これらのスケールと変動は何がコントロールしてい

---

[4] 星全体の半径は，鉄コアの半径に対してさらに 4–5 桁大きい．

8　第 1 章　原子核から超新星まで

るのだろうか．爆発への道筋を理解するには様々な過程・現象の繋がりが鍵と
なる．

1.3　超新星の爆発メカニズムを探るための鍵

　超新星におけるマルチスケールな現象を理解するための道筋は，物理の基本
法則により高温高密度における物質の性質を調べて星の構造・ダイナミクスな
どへ応用する流れにある．本書の 2 章から 6 章までは，これらの基本事項につ
いて順に扱っている．その中でもとりわけ重要であり全編にわたって鍵となる
のは，原子核およびニュートリノの物理過程である．例えば，超新星の中心部
分がはね返るのは原子核の性質によっている．先ほど書いた，限界密度の目安
となるのは原子核内部の密度，原子核物質密度 $(3 \times 10^{14} \text{ g/cm}^3)$ であり，中性
子星の内部は原子核物質密度の数倍程度と考えられている．このような高密度
を探る手がかりは原子核にあり，様々な原子核の構造や反応から極限状態を予
測することになる．中性子星や超新星の環境に近い不安定な原子核の実験デー
タは貴重な情報源である．また，爆発に至るまでにはニュートリノ閉じ込めと
放出が起きており，どれくらいのニュートリノが溜まるのか，放出されるエネ
ルギーはいくらなのかが重要である．重力崩壊により得る重力エネルギーは，
一度ニュートリノの熱エネルギーに変換されて，その一部が爆発エネルギーに
用いられる．これらの移り変わりを決めているのはニュートリノ反応過程であ
る．超新星ニュートリノの観測データは，中心で進むエネルギー変換過程の様
子を地球へ伝えてくれるメッセンジャーでもある．

　このように，原子核とニュートリノの情報をもとに中心部で何が起こってい
るのか，爆発過程の詳細を明らかにするためには，原子核・ニュートリノ・星
のダイナミクスの繋がりを十分に理解することが不可欠である．本書では物理
法則をもとに，超新星爆発においてニュートリノ・原子核物理が果たす役割に
焦点をおいている．超新星の全体像を理解するために順番に見ていく章立ては
以下のとおりである．

　2 章では，原子核の基礎事項から始めて，不安定原子核と宇宙・星の関わり

について紹介する．3章では，高密度におけるフェルミ粒子ガスの性質を基礎に，原子核をもとにした高温高密度核物質の状態方程式の取扱いについて概観する．これらの状態方程式の知識をもとに，4章においては，中性子星の内部構造の基本事項について説明し，理論と観測の両面から中性子星の性質に迫る．3章と4章による高密度物質と中性子星との関わりが超新星を理解する際の基礎となる．

5章では，ニュートリノと物質の関わりについて述べて，ニュートリノ反応が超新星の中で果たす役割について概説する．6章では，超新星のダイナミクスを扱うために必要な概念や方程式について述べて，状態方程式やニュートリノ反応がどのようにダイナミクスに組み込まれて数値シミュレーションが行われているのかを概観する．

2章から6章までの理解をもとに，すべての物理要素が結集して成り立っている超新星の爆発シナリオについて7章で詳しく述べる．細かな過程よりも先にメカニズムを知りたい場合は7章を読んでから前へ戻ってもよいだろう．最終的に爆発が起こるのかどうか，最近の数値シミュレーションによる結果を8章で見ていくことにする．いまだわかっていない事柄や関連する話題を先に知りたい場合はこの章を見ればよいだろう．各々の過程にどのような役割があり，爆発に対してどれくらいの影響があるのかを解き明かすことは，現在も続く超新星爆発の研究テーマの一翼である．各章では，物理過程の中で何が爆発の鍵となるのか，その影響は爆発に有利なのか不利なのかを整理しながら見ていくことにする．

本書の全般を通じてわかるように，超新星の難問題を解くためには様々な分野での課題があり，実際の研究現場においても分野を横断した研究協力が行われている．素粒子・原子核物理学によるデータが流体力学・ニュートリノ輻射輸送などのダイナミクスに組み込まれて超新星の数値シミュレーションが行われる（図1.5）．量子力学・熱統計力学・場の理論を駆使した極限環境での物質科学が天体物理学や一般相対論の世界に組み込まれるのである．こうした複合問題は，必然的に膨大な計算・データの処理を必要とし，世界最先端のスーパーコンピュータによる大規模な数値シミュレーションが必要である．8章で述べるように，計算科学技術の発展は超新星の研究における新たな進展をもたらして

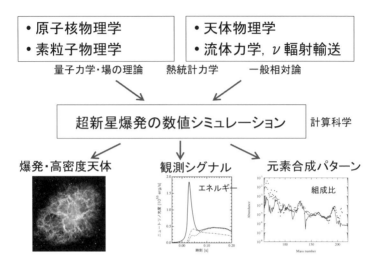

図 1.5 超新星の爆発メカニズムを探るには様々な物理過程をつぎ込んだ大規模な数値シミュレーションが必要である．シミュレーションにより爆発や高密度天体が形成される様子，ニュートリノ・重力波のシグナルや元素組成比が予測され，観測と比較がなされて理論が検証される．

きた．現在もアメリカ・ドイツ・日本で行われている最大級の数値シミュレーションにより，もう少しで爆発の謎が解明されるところまで近づいている．決定的な解明には計算科学技術の粋をつぎ込んだ次世代のスーパーコンピュータを要する．

　もし爆発メカニズムが解明されれば，星の一生だけでなく元素の起源や宇宙の進化を理解するうえで大きな貢献である．我々の銀河内，地球近傍で，超新星が起きるのは明日であるかもしれない．超新星の研究者の皆は日々の研究を進めることにより，そのときに備えている．世界各地では様々な最新の観測施設が稼働しており，そのとき観測されるニュートリノ・重力波・電磁波のシグナルは我々に超新星内部の詳細情報を与えてくれるだろう．内部に存在する高温高密度物質がどんな性質を持っているかを引き出すことも期待される．そのとき，素粒子・原子核と星の繋がりが確かなものとなるだろう．

　超新星の爆発メカニズムは，自然界の4つの力（重力・電磁力・弱い力・強い力）すべてが関わる複雑な問題である．その理解には物理学の様々な知識が必

要となるため，どこから手をつけたらよいのかわかりにくい面がある．そうしたとき，本書による物理過程からダイナミクスまでの解説が，超新星爆発に興味を持った方の理解の助けになれば幸いである．様々な基本法則や基礎過程がまったくスケールが違うところで顔を出すことは物理に共通のことであり，超新星はそのよい一例である．学生として習う／習った事柄や大学院生として研究した専門分野がほかとどう繋がるのかすぐにはわからないことが多いが，やがて思わぬところで役立つことになるものである．意外な繋がりを楽しんでいただきたい．そして，超新星現象に魅せられて，自分のアイデアで爆発をさせたいと思う方々にとって，本書がその礎となり，自らの計算で超新星爆発に取り組む一歩になるならば，筆者にとってこの上ない幸せである．ぜひ一緒に超新星を飛ばしましょう．

第2章 原子核の安定性・不安定性

　原子核は，我々の物質世界を作り上げる際の基本的な構成要素である．原子核は陽子と中性子から成り，ブロックのように組み合わせることで，違った性質を持つ存在となり，元素の種類，安定・不安定の度合いが決まる．こうした原子核の諸性質は，同位体などの形で，日常の生活にも関わる事柄を多く見かける．よりスケールの大きな星や宇宙においても，原子核は多くの場面で鍵となる役割を果たしている．輝く星のエネルギー源は，原子核の融合反応によるものであり，水素から始まり，できるだけ安定な原子核へ変換する過程がエネルギー生成の源である．

　超新星においては，原子核は重力崩壊の引き金となり，ニュートリノの発生に関わり，爆発メカニズムの根源となるニュートリノ閉じ込めの本質的な役割を担っている．星内部には地上には存在しないような極限的な原子核も存在しており，それが星の構造やダイナミクスに影響を及ぼしている．また，星や宇宙における原子核の生成過程を理解することは，元素の起源を探る試みでもある．この章では，原子核の基本事項に始まり，その種類や性質，安定・不安定性，反応過程について概観する．原子核の性質を知ることは，中性子星や超新星における物質の存在形態を探り，その役割を理解するための基礎である．

2.1 原子核の種類と核図表

　自然界を構成している物質は，原子・原子核・核子（陽子と中性子の総称）などのように階層構造を成している（図2.1）．原子の大きさは 10^{-10} m 程度であり，その構造は中心に存在する原子核と周りに分布する電子から成る．原子は，

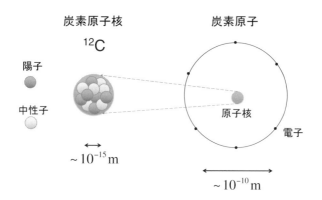

図 2.1 炭素の原子（右）と原子核（左）．原子核は陽子と中性子から成る．

元素の周期表

$_{Z}$El ← 元素記号
↑
原子番号

族/周期	1	2	3	4	5	6	7	8	9	10	11	12	13	14	15	16	17	18
1	$_{1}$H																	$_{2}$He
2	$_{3}$Li	$_{4}$Be											$_{5}$B	$_{6}$C	$_{7}$N	$_{8}$O	$_{9}$F	$_{10}$Ne
3	$_{11}$Na	$_{12}$Mg											$_{13}$Al	$_{14}$Si	$_{15}$P	$_{16}$S	$_{17}$Cl	$_{18}$Ar
4	$_{19}$K	$_{20}$Ca	$_{21}$Sc	$_{22}$Ti	$_{23}$V	$_{24}$Cr	$_{25}$Mn	$_{26}$Fe	$_{27}$Co	$_{28}$Ni	$_{29}$Cu	$_{30}$Zn	$_{31}$Ga	$_{32}$Ge	$_{33}$As	$_{34}$Se	$_{35}$Br	$_{36}$Kr
4	$_{37}$Rb	$_{38}$Sr	$_{39}$Y	$_{40}$Zr	$_{41}$Nb	$_{42}$Mo	$_{43}$Tc	$_{44}$Ru	$_{45}$Rh	$_{46}$Pd	$_{47}$Ag	$_{48}$Cd	$_{49}$In	$_{50}$Sn	$_{51}$Sb	$_{52}$Te	$_{53}$I	$_{54}$Xe
6	$_{55}$Cs	$_{56}$Ba	La*	$_{72}$Hf	$_{73}$Ta	$_{74}$W	$_{75}$Re	$_{76}$Os	$_{77}$Ir	$_{78}$Pt	$_{79}$Au	$_{80}$Hg	$_{81}$Tl	$_{82}$Pb	$_{83}$Bi	$_{84}$Po	$_{85}$At	$_{86}$Rn
7	$_{87}$Fr	$_{88}$Ra	Ac**	$_{104}$Rf	$_{105}$Db	$_{106}$Sg	$_{107}$Bh	$_{108}$Hs	$_{109}$Mt	$_{110}$Ds	$_{111}$Rg	$_{112}$Cn	$_{113}$Nh	$_{114}$Fl	$_{115}$Mc	$_{116}$Lv	$_{117}$Ts	$_{118}$Og

La*	ランタノイド	$_{57}$La	$_{58}$Ce	$_{59}$Pr	$_{60}$Nd	$_{61}$Pm	$_{62}$Sm	$_{63}$Eu	$_{64}$Gd	$_{65}$Tb	$_{66}$Dy	$_{67}$Ho	$_{68}$Er	$_{69}$Tm	$_{70}$Yb	$_{71}$Lu
Ac**	アクチノイド	$_{89}$Ac	$_{90}$Th	$_{91}$Pa	$_{92}$U	$_{93}$Np	$_{94}$Pu	$_{95}$Am	$_{96}$Cm	$_{97}$Bk	$_{98}$Cf	$_{99}$Es	$_{100}$Fm	$_{101}$Md	$_{102}$No	$_{103}$Lr

図 2.2 元素の周期表．原子番号（陽子の数）の順に並んでいる（小浦寛之氏提供）．

原子番号を付けた元素として分類されており，原子番号の順番に並べたものが周期表（図 2.2）である．原子の中では原子番号と同じ数の電子が軌道を回っている．その配置によって化学的性質が異なり，族に応じて類似の性質が周期的

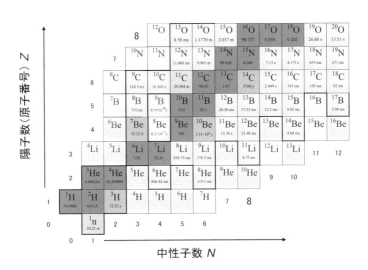

図 2.3 原子核の核図表のはじめの部分．陽子数（原子番号）と中性子数の組合せで決まる原子核種を四角で表す．安定な原子核は濃い灰色，寿命が短い原子核は薄い灰色で示してある（小浦寛之氏提供）．

に現れている．元素として原子番号の違う約 100 種類ほどが知られている[1]．

原子核の大きさは $10^{-15} \sim 10^{-14}$ m 程度であり，原子のスケールからすると非常に小さく集中した存在である．原子核の内部には，陽子と中性子が詰まっており，それぞれの個数により，原子核の種類（核種）が決まる．陽子は水素原子の原子核であり，プラスの電荷を持っている．中性子は，陽子とほとんど同じ質量を持ち，電荷はゼロである．陽子数 Z，中性子数 N を合わせた個数を質量数 A と呼ぶ．陽子数は原子番号と同じであり，元素の種類を決めている．例えば，$Z=6, N=6$ である原子核は，質量数 $A=12$ と合わせて ^{12}C と表記して，炭素 12 と呼ぶ．同じ陽子数 $Z=6$ であり，中性子数が異なる核種を同位体と呼ぶ．例えば，^{14}C は，$Z=6, N=8$ である炭素の同位体である．このように，陽子数 Z，中性子数 N の組合せにより，原子核には様々な種類が存在している．

原子核の種類を表すには，核図表を用いる（図 2.3）．これは原子における周

---

[1] 原子番号 113 番の元素は 2004 年に日本の理化学研究所で初めて合成・発見されて，2016 年に新しく元素名ニホニウム，元素記号 Nh が与えられた．

16　第 2 章　原子核の安定性・不安定性

期表に対応するものであり，図上での位置により核種の性質がわかる図表である．また，図上の方角により原子核の性質が変遷するのを見て理解するための地図ともいえる．核図表は，縦軸を陽子数，横軸を中性子数にとり，その組合せとなる位置に四角を配置して並べたもので，存在が確認されている核種のほか，原子核として存在が予測される核種まで網羅されている．図 2.3 において，縦軸に沿って見ていくと，水素，ヘリウム，リチウムのように周期表の順番に並んでいる．横軸に沿って見ていくと，元素ごとに中性子数の異なる同位体が並んでいる．炭素の場合では，自然界に存在するのは炭素 12, 13, 14 だが，核種としては炭素 8 から始まり多くの同位体が存在していることがわかる．図 2.4 は，すべての元素・同位体をカバーする核図表の全体像である．原子核の種類は，陽子数（原子番号）100 を超えるところまであり，それぞれの元素について中性子数の異なる同位体が幅広く存在する．原子核の核種は約 6000 種類以上が予測されているが，その中で，自然界に安定に存在する核種は（同位体を含

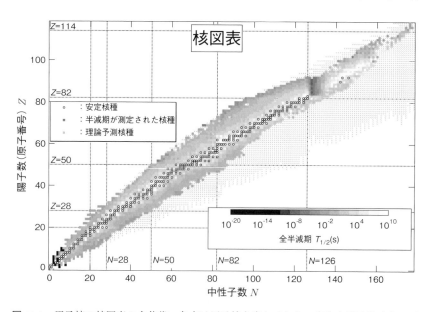

図 **2.4**　原子核の核図表の全体像．各点は原子核を表しており，安定な原子核は丸，不安定な原子核は灰色で示されている．灰色の濃淡は半減期（後述）を表す．ドットは理論的に存在が予測されている領域である（小浦寛之氏提供：原研核図表 2014 より）．

めた）約300種類であり，それ以外は不安定な原子核である．不安定な原子核
のうち，約3000種類は原子核加速器実験施設や原子力施設などで人工的に作
られて存在が確認されて，その性質が調べられている．核図表上で安定な核種
は線状に並んでおり，これを安定線と呼ぶ．その両側の存在限界線（中性子・
陽子ドリップ線，後述）までは不安定核が多数並んでいる．宇宙や星の現象で
は，核図表の中の多種多様な原子核が現れては消えて，ダイナミクスや元素合
成で様々な役割を果たしている[2]．

2.2　原子核の質量公式

　原子核の性質を探る基礎的な量として，質量，半径，半減期などが核種ごと
に測定されており，原子核データとして整備されている．これらの原子核デー
タは，天体物理においても重要な役割を果たしている．

　安定な原子核において，原子核の半径 R は質量数 A を用いて近似的に

$$R = R_0 A^{1/3} \tag{2.1}$$

と表せることがわかっている．ここで $R_0 = 1.2\,\mathrm{fm}$ である．fm（フェムトメー
トル）は原子核スケールにおける典型的な長さの単位であり，$1\,\mathrm{fm} = 10^{-15}\,\mathrm{m}$
である．半径が質量数（つまり核子の数）の 1/3 乗に比例するということは，
原子核の体積と核子数は比例関係にあり，核子数密度は原子核によらず一定で
あることを意味する．核子の質量を用いると，その密度は $3 \times 10^{14}\,\mathrm{g/cm^3}$ であ
る．この値を核物質密度 ρ_0 と呼ぶ．中性子星や超新星の内部においても，この
値を基準に考えることが多い．

　原子核の質量は，構成する核子の質量の総和よりも小さい．この質量差（質
量欠損と呼ぶ）は，有名な $E = mc^2$ の式を通じて，原子核の束縛エネルギー，
そして星のエネルギー源にもなっている．陽子数 Z，質量数 A の原子核の質量
$M(A, Z)$ は，陽子・中性子の質量をそれぞれ m_p, m_n として

---

[2] 核図表の詳細や不安定核の研究分野については，本シリーズ 8 巻『不安定核の物理』
を参照のこと．

$$M(A, Z)c^2 = [Zm_p + (A - Z)m_n]c^2 - B(A, Z) \qquad (2.2)$$

と表される．$B(A, Z)$ は束縛エネルギーである．原子核のエネルギーは $M(A, Z)c^2$ であるが，核子の静止質量の合計を基準としてエネルギーを測ると

$$E_{\mathrm{nucl}}(A, Z) = M(A, Z)c^2 - [Zm_p + (A - Z)m_n]c^2 = -B(A, Z) \qquad (2.3)$$

である．束縛エネルギー $B(A, Z)$ が正であれば，核子としてバラバラに存在するよりも原子核のように集まって存在する方がエネルギーが低く，安定である．1 核子あたりのエネルギーは

$$E_A(A, Z) = E_{\mathrm{nucl}}(A, Z)/A = -B(A, Z)/A \qquad (2.4)$$

である．安定な原子核の 1 核子あたりの束縛エネルギーは，平均的に見るとおよそ一定であり，$B/A \sim 8$ MeV である．このように密度および束縛エネルギーがほぼ一定である性質を原子核における飽和性と呼ぶ．

束縛エネルギーは原子核ごとに少しずつ異なり，原子核の様々な特性が反映されている．これらの飽和性に基づいて，原子核を液滴のようなモデルにより考えて，束縛エネルギーの大局的な振舞いを記述することができる．束縛エネルギーは，Z, A（および $N = A - Z$）により

$$B(A, Z) = a_v A - a_s A^{2/3} - a_C \frac{Z^2}{A^{1/3}} - a_{\mathrm{sym}} \frac{(N - Z)^2}{A} + B_{\mathrm{cor}} \qquad (2.5)$$

と表すことができる．原子核の質量を表すための，このような表式を質量公式と呼ぶ（Bethe-Weizsäcker の公式）．右辺の 5 つの項は，はじめから順番に，体積項，表面項，クーロン項，対称エネルギー項，補正項と呼ばれている．$a_v, a_s,$ a_C, a_{sym} などはパラメータの定数である．

体積項は，飽和性に従って核子 1 個を付け加えたときに得られる結合エネルギーを表している．原子核内部の核子は周辺の核子から力を受けており，平均的に引力を受けていることによる．表面項は，原子核の表面では周りの核子から十分な引力を得ることができないため，表面積に比例してエネルギーが損をする効果を表している．クーロン項は，原子核中の陽子がプラスの電荷を持ち，

電荷が球に一様分布する際の静電エネルギーを表している．対称エネルギー項は，陽子と中性子の個数の違いが大きいとエネルギーを損する効果を表している．原子核における核子のエネルギー準位に陽子・中性子を配置する際に，フェルミの排他律により同じエネルギー準位に同一粒子を配置できないことによる．最後の補正項 B_{cor} は，エネルギー準位の詳細な違い，核子が複数個（2個あるいは4個）で強く結合する効果などが含まれる．この補正項を含めた詳細な定式化により，原子核の質量を精密に記述あるいは予測することが行われており，原子力工学や天体物理において活用されている．

図 2.5 は，安定核における1核子あたりの束縛エネルギー $B(A,Z)/A$ の実験値を質量数の関数としてプロットしたものである．1核子あたりの束縛エネルギーはほぼ一定（約 8 MeV）であるが，詳しく見ると質量数により変動しており最大値を持っている．軽い原子核では表面効果が大きいが，質量数を増やしていくと体積効果による引力が大きくなり，束縛エネルギーは大きくなっている．しかし，質量数増加とともに陽子の数が増えるとクーロン項の影響が増加するので束縛エネルギーは減少に転ずる．クーロン力による斥力を避けるために，中性子の割合を増やすと対称エネルギー項も大きくなるため，これも束縛

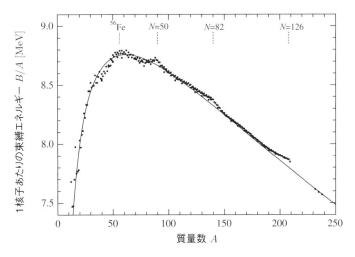

図 **2.5** 安定な原子核の1核子あたりの束縛エネルギー B/A と質量数 A の関係．黒丸は実験値，実線は質量公式による理論値（小浦寛之氏協力）．

20 第 2 章 原子核の安定性・不安定性

エネルギーの減少に寄与する．このように原子核はいくらでも大きくできるわ
けではなく，引力・斥力の競争によりバランスをとり安定な原子核が存在して
いる．図 2.5 では，質量公式による安定核の束縛エネルギーの理論値もプロッ
トしてあり，液滴モデルは実験データの全体的な振舞いをよく再現している．
さらに細かく見ると，質量公式からずれて実験値がさらに安定な領域があるが，
これは陽子・中性子数が特定の数（8, 20, 28, 50, 82, 126：魔法数と呼ぶ）の場
合に特に安定となる殻効果[3]によるものである．図 2.4, 2.5 では，魔法数の位
置を点線で示してある．

2.3 不安定な原子核

　質量公式のうち，対称エネルギー項は，原子核の安定・不安定性，中性子星・
超新星における物質の性質を考えるうえで，とりわけ重要である．原子核にお
ける陽子・中性子の個数のバランスは，安定な原子核の存在範囲を決めるうえ
で鍵となる．図 2.6 には核図表における安定な原子核の位置，陽子の割合，原
子核の存在限界を示した．魔法数を陽子数や中性子数に持つ原子核は特に安定
になっている．例えば，酸素 ^{16}O，カルシウム ^{40}Ca，鉛 ^{208}Pb などである．

　質量数が 40 程度までの原子核では，陽子と中性子の個数がほぼ等しいものが
安定になっている．例えば，自然界に多く存在する炭素 ^{12}C, 酸素 ^{16}O, カルシ
ウム ^{40}Ca などは陽子・中性子の個数が同じである．$N = Z$ の原子核を対称核
といい，N と Z が異なる核を非対称核という．陽子数を固定して中性子数を増
やすと，対称エネルギーにより束縛エネルギーが小さくなり，より不安定にな
る．図 2.3 でわかるように，炭素の同位体 ^{13}C は安定であるが，さらに中性子
が多い ^{14}C, ^{15}C, ^{16}C などは不安定である．中性子が過剰で不安定な原子核は
原子核崩壊（ベータ崩壊）を起こして，より安定な原子核に変換される．その
時間スケールは，崩壊現象により不安定核の個数が元の半分の量となる半減期

---

[3] 量子力学でエネルギー準位の間隔が大きく飛んでいるときに現れる．多電子原子にお
ける電子のエネルギー準位と配置において閉殻のときに安定度が高くなるのと同様で
ある．

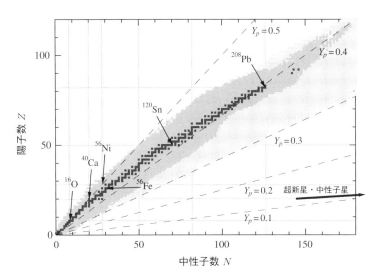

図 2.6 核図表上での代表的な原子核の位置．黒色の点の並びは安定線，灰色は実験により測定された原子核，薄い灰色は理論的に予想される原子核の範囲で，その外縁が陽子・中性子ドリップ線である．陽子・中性子の魔法数および陽子混在度 Y_p が一定である線を示した（小浦寛之氏提供のデータをもとに作成）．

で特徴づけられる．例えば，^{14}C は半減期 5700 年[4]でベータ崩壊を起こして ^{14}N となる（5.1 節にて後述）．原子核中の中性子を陽子へ変換することにより，陽子・中性子数が同じとなり，安定度が増すため，窒素 ^{14}N は安定な原子核となっている．中性子数を増やしていくと炭素の同位体は半減期の短い（秒〜ミリ秒）原子核となり，さらに不安定となって，もっとも中性子過剰な ^{22}C において存在限界となる．

　より質量数の大きい（重い）原子核では，陽子よりも中性子の個数が多いものが安定になっている．例えば，錫 ^{120}Sn や鉛 ^{208}Pb は安定な原子核として自然界に存在しているが，中性子過剰な原子核である．鉛 ^{208}Pb では，陽子数 $Z = 82$ に対して中性子数 $N = 126$ であり，魔法数の組合せにより特に安定になっている．錫には同位体の種類がたくさんあり，中でも存在比（後述）が大きいのは ^{120}Sn である．質量数が大きくなれば，束縛エネルギーを稼ぐことができるが，陽子と中性子の配分をどのようにするかが問題である．陽子数を増やすとプラ

---

[4] この核種の存在比は遺跡などの年代測定で用いられている．

ス電荷が多くなるため，クーロン項の影響が大きくなる．これを避けるために中性子を多くしている．クーロン項で損をするよりも，対称エネルギー項による損でしのぐわけである．質量公式における対称エネルギー項とクーロン項の競争の中で，中性子を多めにして原子核を安定とするようなバランスが働いている．このため，原子核の安定線（図 2.6）は陽子数 20 あたりから中性子過剰な側へ折れ曲がっている．また，安定線から同位体に沿って（陽子数一定のまま）中性子数を増やしていくと，さらに対称エネルギー項により損をするため，中性子過剰原子核は不安定となり存在限界に達する．この限界を超えて中性子数を増やそうとしても，結合せずにこぼれてしまう（ドリップする）ため，この限界線を中性子ドリップ線[5]と呼んでいる．

　原子核に含まれる陽子の割合は，中性子星や超新星における環境を理解するうえで重要な量である．全体の核子数に対する陽子数の割合を陽子混在度と呼び Y_p で表して物質環境の目安とすることが多い．原子核の場合は $Y_p = Z/A$ である．図 2.6 の核図表上には，Y_p が一定となる線を示した．陽子混在度は，^{12}C, ^{16}O などの対称核 $(N = Z)$ では $Y_p =0.5$ であり，中性子過剰な原子核では陽子の割合は小さく，$Y_p <0.5$ となる．安定線上の原子核では $Y_p = 0.4 - 0.5$ 程度であり，質量数が大きくなるにつれて Y_p が小さくなっている．例えば鉄 ^{56}Fe では $Y_p = 0.46$，鉛 ^{208}Pb では $Y_p = 0.39$ である．不安定な原子核も含めると，Y_p の範囲はもっと広い．核図表に載っている核種，つまり限界線内の原子核として存在しうる領域では，$Y_p = 0.3 - 0.5$ の範囲にある．軽い不安定核では，$Y_p =0.25$ を持つ ^{8}He のように，非常に中性子過剰な原子核も存在している[6]．この後の章で見ていくように，超新星の中心部や中性子星では，さらに中性子過剰となり $Y_p = 0.1$ 以下の領域にも達する．中性子星の核子数は 10^{57} などと巨大であり，核図表からははみ出てしまうが，中性子過剰な原子核とその延長線上にある星の中の中性子過剰な極限環境は結びついている．この結びつきを調べていくのが，原子核と宇宙にまたがる物理 (Nuclear Astrophysics) の面白さである．

---

[5] 中性子が少ない側，つまり陽子の割合が多い，不安定な陽子過剰原子核の限界線を陽子ドリップ線と呼ぶ．

[6] 同様に，陽子過剰な側にも $Y_p >0.5$ となる原子核が存在する．

2.4 宇宙における原子核

様々な原子核の束縛エネルギーの違いは，宇宙・星における原子核の存在形態を決める際に本質的な役割を果たしている．種々の元素の起源となる生成過程においては，原子核の安定性・不安定性が決め手となるため，その影響は自然界における元素の存在比率にも現れている．図 2.7 は，太陽系の元素組成比[7]による元素の相対存在比率を図にしたものである．ケイ素の原子数を 10^6 個として，各元素の相対的な個数比を示してある．水素が 10^{12} 個あるのに対して，鉄やケイ素は 10^6 個であり，それ以外の元素は原子量（原子番号）が大きくなると，急速に少なくなっている．鉄よりも重い元素は平均的には 10^0 個程度と，ご

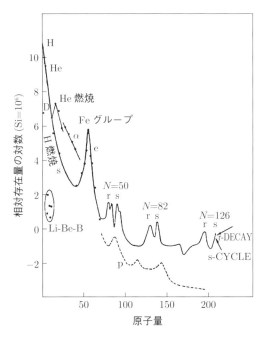

図 2.7 元素の組成比を原子量の関数として模式的に示した図 [1]．ケイ素の原子数を 10^6 個として，各元素の相対的な個数比を示してある．

---

[7] 隕石や太陽スペクトルの分析により得られた相対的な元素の存在比率データ．宇宙の元素組成を代表していると考えられる．

くわずかにしか存在していない．その中にも一部ピーク状に組成比が多くなっている領域もある．これらの元素組成比のパターン[8] は宇宙・星での元素合成の特性によって形作られている．

ビックバン宇宙が始まって最初の 3 分間においては，陽子（水素，原子番号 1）と中性子からヘリウム（原子番号 2）までが主に作られるが，それ以降の原子番号の元素はほとんど作られない．そののち何世代にもわたる星の進化が元素の源になっている．自然界のほとんどの元素は，星が関与してできたものであり，「我々は星屑でできている」と言ってもよい[9]．典型的な恒星である太陽の中心部では，水素の核融合反応によりヘリウムが作られる．さらに進化が進むとヘリウムから炭素，酸素が作られる核融合反応が起こり，そこで終末を迎えて白色矮星が残される．より質量の大きな星では進化の過程において，図 2.8[10] のように，さらにネオン，マグネシウム，ケイ素などへ至る核融合反応が順に進み，最終的に鉄が作られる．これらの核融合反応では，質量差によるエネルギーが解放され，星の構造を支えて光り輝く源となっている．また，超新星により爆発的に原子核反応が進むことで様々な元素が作られ，宇宙にまき散らされて，物質の組成が豊かなものとなる（8 章）．

こうした反応過程が進む傾向は，核子から原子核へとエネルギー的に安定となる方向によって決まっている．陽子 2 個と中性子 2 個として存在するよりも，ヘリウムの原子核となる方が質量が軽く，束縛エネルギーが大きい．さらに，ヘリウム 3 個より炭素 1 個の方が軽く，束縛エネルギーが大きい．ヘリウム 4 ^{4}He の構造は特に安定であり，質量数が 4 の倍数の原子核が作られていく[11]．炭素とヘリウムから酸素，さらにネオン，マグネシウム等の順に束縛エネルギーが増加する．このように質量数が大きくなっていった結果，束縛エネルギーが最大となるのは鉄 ^{56}Fe 付近の原子核である（図 2.5 での $A = 56$ 付近のピーク）．こうした安定な原子核は，天体現象において大量に作られるため，自然界の中

---

[8] 元素について同位体の存在比も隕石の分析などから求まるので，原子番号および質量数の関数として組成比がわかっている．

[9] "We are made of starstaff." というカール・セーガン（コスモス）の言葉などでよく知られている．

[10] このような模式図では，図での大きさは星の大きさを表していない．最終段階での大きさは，例えば，表面までの半径が 10^{14} cm，鉄コアの半径が 10^9 cm 程度である．

[11] 実際には，炭素同士の反応（炭素燃焼）などを含む様々な原子核反応が進んでいく．

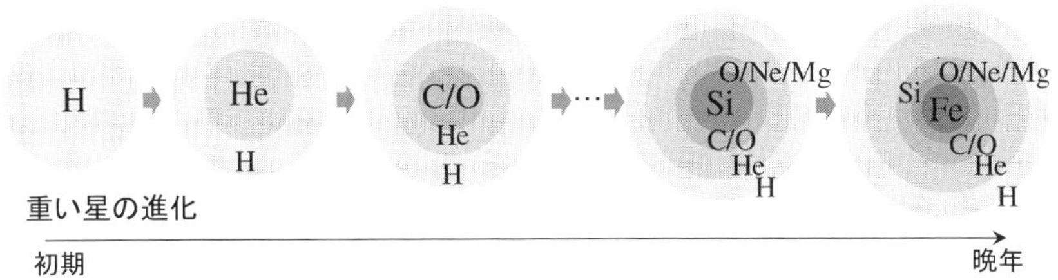

核融合反応の系列:

$$H \rightarrow {}^4He \rightarrow {}^{12}C \rightarrow {}^{16}O \rightarrow {}^{20}Ne \rightarrow {}^{24}Mg \rightarrow {}^{28}Si \rightarrow \ldots \rightarrow {}^{56}Ni/{}^{56}Fe$$

図 **2.8**　太陽の 10 倍以上の重い星における組成進化の模式図. 星の中心で温度・密度が上がり, 次々と核融合反応が進む. 生成された元素は玉ねぎの層状に重なっていき, 最期には鉄を主成分とする中心コアを持つ構造となる.

に豊富に存在している. 束縛エネルギーが大きな原子核 (元素) は, 宇宙・太陽系を構成する平均的な物質の組成において, その存在比率が高くなっている. 例えば, 鉱物など地球の組成として, また半導体・建築など現代社会基盤に欠かせない, ケイ素や鉄は原子番号が近いほかの元素に比べて, その存在比率が特徴的に高くなっている (図 2.7 での原子量 56 付近のピーク).

　星の中で核融合反応が進み, 鉄の原子核へ向かっていく道筋は原子核の束縛エネルギーの変動傾向から理解できる. 図 2.5 で見たように, 軽い核から始まり鉄付近の原子核までは, 束縛エネルギーが増えていくため核融合反応が進み, エネルギーが解放される. 質量数が 4 の倍数である原子核は, 周辺よりも束縛エネルギーが大きくなっていて, 特に安定であることもわかっている. 鉄付近よりも質量数が大きい原子核については, 束縛エネルギーが小さくなっているため, 鉄から先の原子核を核融合反応で作り出すことはできない. これが星の中心部における最終生成物が鉄[12]であり, 星の進化の最終段階で鉄の中心コア (鉄コアと呼ぶ) が成長する理由である.

　それでは鉄以降の原子核はどのように作られるのだろうか. これらの重元素[13]は, r プロセス・s プロセスと呼ばれる一連の中性子吸収過程により作られる. 陽子数 (プラス電荷) が大きくなるとクーロンの反発力が大きくなり, 反

---

[12] 鉄 ${}^{56}Fe$ だけでなく, 付近の鉄族の原子核を含む.
[13] 元素合成の分野では原子番号 26 の鉄以降の元素を重元素と呼んでいる. 分野によってはヘリウムなどの軽元素なども含む場合がある.

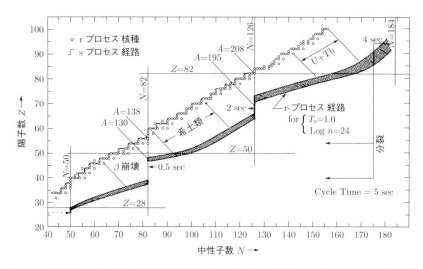

図 2.9 核図表における中性子吸収過程による元素合成の道筋．s プロセスはドットの安定線に沿って進み，r プロセスは帯上の中性子過剰な原子核を経由して進む．どちらも中性子数の魔法数において滞留するため，特徴的な組成比に繋がる [2].

応する断面積が小さくなるため，より高温・高密度の環境が必要となり，生成の条件が厳しくなる．そのため電荷を持つ陽子を加えることは難しく，電荷を持たない中性子を加えることにより質量数を増やしていく．この中性子吸収による元素合成過程は，中性子量に強く依存しており，反応時間が異なる rapid と slow の 2 通りが存在する．図 2.7 の元素組成比パターンを見ると，鉄以降の元素において r, s と記した組成比ピークがあり，それらが対を成しているのが証拠である．これらは中性子数の魔法数 50, 82, 126 に付随して形成される．核図表上で元素合成過程が進む際に，魔法数では安定度が高く，多くの元素が滞留するため，周辺よりも多くの元素が作られる．ピークの位置が少しずれて対で存在するのは，核図表上での経路が違うためである [14]．

2 つの中性子吸収による元素合成が核図表上で進む道筋を図 2.9 に示した．s プロセスでは，安定線上の安定核の系列に沿って，(比較的軽い星において) ゆっくりと中性子吸収とベータ崩壊を繰り返しながらビスマス ^{209}Bi まで進む．

[14) 例えば，鉛 ($A = 208$) は s プロセスにより魔法数 $N = 126$, $Z = 82$ が合わさったところで多くが溜まりピークとなる．金 ($A = 195$) は r プロセスにより魔法数 $N = 126$ に一時的に溜まり，ベータ崩壊した先にピークを形成する．

rプロセスでは1秒以内などの短い時間で大量に中性子吸収を起こして，図の安定線から離れた帯に沿って進み，不安定な中性子過剰原子核を経由しながら，最終的に質量数200を超える領域にまで到達する．中性子を加え過ぎると原子核は不安定になるが，ベータ崩壊を起こすよりも早くに中性子をさらに吸収して重い原子核を作る．rプロセスでは大量に中性子が必要となるため，超新星や中性子星を含む爆発的な天体現象が起源と考えられている．これらの環境では，中性子を非常に多く含む原子核が一時的に存在して，元素を形作るうえで重要な役割を果たしている．

　宇宙や星の現象では，地上では達成できないような極限的な環境が実現されている．このため，通常は存在していないような不安定な原子核が大量に出現して天体現象に影響を及ぼしていることが多い．例えば，超新星のはじまりとなる鉄の中心コアに含まれる物質は，密度の上昇のため，通常よりも中性子過剰な原子核から構成される．中性子星の表面付近（外殻や内殻）においても，高密度による影響で中性子ドリップ線に至るほどの中性子過剰な原子核，さらに中性子の海に取り囲まれた巨大な原子核も存在する（4.4節）．中性子星は，中性子だけ（$Y_p = 0$）から構成されるのではなく，後述するように実際にはわずかに陽子を含んでいる．その割合は中心付近で（理論によるが）$Y_p = 0.05$–0.1程度，表面付近では $Y_p = 0.2$–0.4 程度である．超新星の中心部における陽子を含む割合は，より広い範囲を持つがおおよそ中性子星と同様に考えてもよい．このように超新星・中性子星に現れる物質を探るには中性子過剰な原子核の性質が重要となる．つまり地上の実験で研究する対象として，できるだけ中性子過剰な原子核が重要である．核図表において，Y_p が小さな原子核は右端に位置している．さらに中性子を多くする方向へ進むと何が起こるのだろうか．超新星・中性子星における環境を探求することは，不安定核の物理を探ることでもある．

第3章　高密度物質の状態方程式

中性子星は，平均密度が 10^{15} g/cm^3 にも及ぶ高密度の天体である．このような超高密度で物質はどのような様相で存在しているのだろうか．この密度は原子核内部の値よりも高く，核子がひしめき合って集まっているような状況である．中性子星の中で圧縮された陽子・中性子・電子などのエネルギーや圧力はどうなるのか．粒子ガスの熱統計力学についての基礎知識には，中性子星・超新星における構造やダイナミクスを理解するうえで必須の事柄が多い．特に，理想フェルミ粒子ガスの基本的な性質は，中性子星での極限物質や超新星におけるダイナミクスを特徴づける量を感覚的につかむのに役立つことだろう．

実際の中性子星内部の物質はもちろん理想的なガスではなく，核子間の相互作用により決まる核物質の性質が中性子星の構造を決めている．高密度核物質の状態方程式（エネルギー・圧力と密度の関係）の性質を調べるためのヒントは原子核内部の物質にある．その特性を原子核の実験データにより調べて，さらに極端な環境での性質を引き出すのである．陽子・中性子から成る一様核物質は，一定の密度でエネルギー的に安定となる性質（飽和性）を持っている．核子間力から積み上げて，多数核子の集まりの性質を理論的に記述することは長年の原子核物理の課題である．核子多体理論をもとにして超新星における高温高密度状態を探る道筋を見ていこう．

3.1　フェルミ粒子ガス

電子・核子などのフェルミ粒子のガスを，1辺の長さ L，体積 $V = L^3$ の立方体で周期境界条件を持つ箱に入れて閉じ込めたときのエネルギー・圧力などの

振舞いを求めよう．星のような巨視的なスケールで広がる一様分布の物質を扱うのだが，中性子星で問題となるのは微視的なスケールにおける各粒子の振舞いである．原子核や原子を記述するのと同様に量子力学による扱いが必要であり，各フェルミ粒子はパウリの排他律に従って量子状態を占めている．後でわかるように，中性子星では温度ゼロとして扱ってよく，低いエネルギー準位にフェルミ粒子が縮退した状態での性質が重要である．無限に広がる一様物質において，波動関数に周期境界条件を課すとフェルミ粒子の平面波の運動量成分 $(i = x, y, z)$ は

$$p_i = \frac{2\pi\hbar}{L} n_i \tag{3.1}$$

と量子化されている．ここで n_i は整数である．質量 m の粒子の場合，エネルギー固有値は

$$\varepsilon_i = \frac{1}{2m}(p_x^2 + p_y^2 + p_z^2) \tag{3.2}$$

であり，整数 n_i の組でエネルギー準位が指定される．N 個の粒子を箱に入れる場合，基底状態ではエネルギーが低い順に粒子を配置して，フェルミエネルギー ε_F の状態まですべての準位に粒子が詰まった状況になっている．対応する運動量空間において粒子は 0 からフェルミ運動量 p_F（フェルミ面と呼ぶ境目）までの状態を占めている．運動量 p_i から $p_i + dp_i$ までにある量子状態の数は

$$dp_i = \frac{2\pi\hbar}{L} dn_i \tag{3.3}$$

で決まる dn_i である．L を十分に大きくとるため，準位密度が高く，n_i を連続変数とした．粒子の個数とフェルミ運動量の関係は，球面近似を用いて

$$N = g \int \frac{L^3}{(2\pi\hbar)^3} d^3p = g \int_0^{p_F} \frac{L^3}{(2\pi\hbar)^3} 4\pi p^2 dp = \frac{gV}{(2\pi\hbar)^3} \int_0^{p_F} 4\pi p^2 dp \tag{3.4}$$

となる．ここで粒子のスピンによる自由度を g とした．スピン 1/2 の電子・陽子・中性子では $g = 2$ である．粒子数密度はフェルミ運動量により

$$n = \frac{N}{V} = g \frac{p_F^3}{6\pi^2\hbar^3} \tag{3.5}$$

と表される．この系のエネルギー密度は，1 粒子のエネルギー $\varepsilon(p)$ を積分して

$$\mathcal{E} = \frac{g}{(2\pi\hbar)^3} \int_0^{p_F} 4\pi p^2 \, \varepsilon(p) \, dp \tag{3.6}$$

により求まる．圧力は，等方な運動量移行量を積分して

$$P = \frac{g}{(2\pi\hbar)^3} \int_0^{p_F} 4\pi p^2 \, \frac{p^2 c^2}{3\varepsilon(p)} \, dp \tag{3.7}$$

により求めることができる．

　電子の運動量が十分に大きい場合（中性子星内部など）には，質量を無視してよく，積分を解析的に実行することができる[1]．エネルギー密度と圧力は

$$\mathcal{E} = g \frac{p_F^4 \, c}{8\pi^2 \hbar^3} \tag{3.8}$$

$$P = g \frac{p_F^4 \, c}{24\pi^2 \hbar^3} \tag{3.9}$$

と表すことができる．このように温度ゼロで質量を無視した極限での表式を，超相対論的な縮退 Fermi ガスの状態方程式と呼ぶ．このとき，粒子数密度（以下では数密度と呼ぶ）はフェルミ運動量の 3 乗に比例するので，エネルギー密度や圧力は数密度の $\frac{4}{3}$ 乗に比例することに留意してほしい．また，$P = \frac{1}{3}\mathcal{E}$ である．一方，核子のように質量が十分に大きい場合には，非相対論における 1 粒子のエネルギー $\varepsilon(p) = p^2/2m$ を用いて，非相対論的な縮退 Fermi ガスの状態方程式を求めることができる．このとき，エネルギー密度や圧力は数密度の $\frac{5}{3}$ 乗に比例し，$P = \frac{2}{3}\mathcal{E}$ である．圧力が数密度の何乗に比例するのかは重要なファクターであり，天体の静水圧平衡形状やダイナミクスを決めていることを 4, 7 章で説明する．

3.2 核物質の基本的な性質

　中性子星内部における極限状態での物質を理解するために，陽子・中性子で構成される高密度物質の性質を見ていこう．核子同士が核力により相互作用

---

[1] 相対論的な粒子のエネルギー $\varepsilon(p) = \sqrt{p^2 c^2 + m^2 c^4}$ において，$m = 0$ とすると $\varepsilon = pc$ である．

している無限に大きい多体系を核物質と呼ぶ．基本的な性質を調べるため，核子が一様に分布している状況（特に一様核物質と呼ぶ）を考える．ここでは，陽子間に働くクーロン力は無視して，核力によるエネルギーだけを評価しておけばよく，ほかの粒子による寄与は後の章（4.3 節など）で扱う．対称核と同様に，陽子密度 n_p と中性子密度 n_n が同じ場合を対称核物質と呼ぶ．核子数密度 $n_B = n_p + n_n$ を用いて，陽子混在度を $Y_p = n_p/n_B$ と定義すると，対称核物質では $Y_p = \frac{1}{2} = 0.5$ である．中性子だけからなる中性子物質では $Y_p = 0$ である．原子核の場合と同様に[2]，核子の静止質量を基準にして，核物質のエネルギー $E_{\mathrm{nucl}}(n_B, Y_p)$ を表すことにする．1 核子あたりのエネルギーは，$E_A(n_B, Y_p) = E_{\mathrm{nucl}}(n_B, Y_p)/A = \mathcal{E}(n_B, Y_p)/n_B$ と表せる．ここで $\mathcal{E}(n_B, Y_p)$ は体積あたりのエネルギー密度で $\mathcal{E}(n_B, Y_p) = E_{\mathrm{nucl}}(n_B, Y_p)/V$ である．

　第 2 章で述べたように原子核の内部は，核物質における飽和性により，ほぼ一定の密度に保たれている．核物質密度は，核子数密度では $n_0 = 0.16 \ \mathrm{fm}^{-3}$ である．この値は，核構造モデルや電子や陽子による散乱実験により測定された原子核中心部の平均的な密度から決定されている．フェルミガスの式 (3.5) において対称核物質の場合に粒子の種類・スピンによる自由度により $g = 4$ とすると，

$$p_F = 263 \ \mathrm{MeV} \left(\frac{n_B}{n_0} \right)^{1/3} \tag{3.10}$$

となり，密度に対応するフェルミ運動量が求まる[3]．これが原子核における核子運動量の典型的なスケールである．中性子物質では $g = 2$ であり，同じ密度でもフェルミ運動量は $2^{1/3}$ 倍だけ大きい．つまり中性子物質の方が対称核物質より平均的な運動エネルギーが大きい．

　核物質のエネルギーは核子多体理論（後述）により計算される．非常に低い密度では理想フェルミガスと近似してよいが，原子核や中性子星の密度領域では核子間の距離が近くなり，核子間に働く核力の影響によるエネルギー寄与が本質的となる．図 3.1 には，典型的なモデル計算による核物質の状態方程式を示

---

[2] 原子核のエネルギー $E_{\mathrm{nucl}}(A, Z)$ との対比で考えると，体積 V の中に核子が質量数 A，陽子数 Z 入っており，核子数密度 $n_B = A/V$ と陽子混在度 $Y_p = Z/A$ を一定に保ったまま，質量数 A と陽子数 Z は無限大の極限をとったことに相当する．

[3] ここで用いた $\hbar c = 197.3 \ \mathrm{MeVfm}$ の関係は，原子核における単位変換において便利である．また $c = \hbar = 1$ とした．以降でも同様の単位系を用いる．

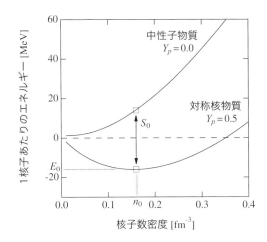

図 3.1 対称核物質および中性子物質の状態方程式の例．1 核子あたりのエネルギーを密度の関数としてプロットした．核物質密度における対称核物質のエネルギー値 E_0 と中性子物質のエネルギー値との差 S_0 は原子核・核物質を特徴づける基本量である．

した．エネルギーの振舞いから圧力を計算できるので，密度とエネルギーの関係を状態方程式と呼ぶことが多い．図では対称核物質と中性子物質の 1 核子あたりのエネルギー $E_A(n_B, Y_p)$ を密度の関数としてプロットした（$Y_p = 0.0, 0.5$ と固定）．対称核物質のエネルギーは負になる領域があり，核物質密度 n_0 において極小値 $E_0 = E_A(n_0, 0.5) = -16$ MeV をとるので，この密度で安定であることを示している．つまり，この密度より圧縮・膨張するとエネルギーが高くなるため，密度を変えても必ず平衡値である n_0 に戻る性質を持っている．これが原子核は密度一定で安定に存在している理由（飽和性）である．一方，中性子物質のエネルギーは常に正であり，中性子だけで束縛系（原子核）を作ることはできない [4]．中性子物質と対称核物質のエネルギー差を対称エネルギーと呼ぶ．対称エネルギーの n_0 における値 S_0 は不安定核や中性子星の性質において基本となる量である．この値が大きいときは，対称核物質に対して中性子物質のエネルギーが大きい．また，中性子物質は（対称核物質に比べて）圧縮すると急激にエネルギーが増える性質を持っている．

---

[4] 2015 年 12 月，4 つの中性子でできた「原子核」の共鳴状態を発見した，と東京大学の研究グループが発表した．

34　　第 3 章　高密度物質の状態方程式

　エネルギー・密度のグラフにおいて，物質の状態方程式を比較する際，密度増加につれてエネルギーが大きくなるとき，あるいは，その傾きが急であるとき，この状態方程式は固い (stiff) という．この逆の場合には，柔らかい (soft) という．核物質密度の付近における，対称核物質・中性子質のエネルギーの振舞いは，高密度物質の固さ[5]を特徴づけるうえで重要である．図 3.1 において，核物質密度 n_0 における対称核物質のエネルギー極小値での曲率を非圧縮率 K（次節）と呼ぶ．この値が大きいときは，対称核物質の密度増加によるエネルギー増加の度合いが大きい．中性子質の密度増加によるエネルギー増加は，対称エネルギーの振舞いで議論されることが多く，S_0 とともに微分係数 L（次節）で特徴づけられる．非圧縮率・対称エネルギーの値が大きいときは核物質を圧縮しにくいため，その状態方程式は固いことを意味する．状態方程式が固い・柔らかいとする評価については，様々な観点があるため，今後も順次説明する．

3.3　原子核の実験データと状態方程式

　核物質の状態方程式は原子核の性質と密接な関係があり，核物質密度での 1 核子あたりのエネルギーは，2.2 節で述べた原子核の質量公式と対応して，原子核実験データと結びついている．中性子星をいわば超巨大な原子核と見ると，A を無限大にとった極限に相当する．これは質量公式において，表面に関わる部分を省き，一様物質の部分だけを取り出すことに相当する．実際に，式 (2.5) において A を無限大とし，クーロン項や補正項を無視すると，1 核子あたりのエネルギーは

$$E_A(A, Z) = -B(A, Z)/A = -a_v + a_{\mathrm{sym}} \frac{(N - Z)^2}{A^2} \tag{3.11}$$

となる．これは原子核において核子が一様分布している部分のエネルギー寄与である．ここで，体積項の係数による $-a_v$ は核物質密度における対称核物質のエネルギー E_0 と対応している．対称エネルギー項の係数 a_{sym} は，文字どお

---

[5] 柔らかさと呼ぶ場合もあるが，以下では固さと表現する．

り，対称エネルギー S_0 に対応する．中性子だけの場合 $(A = N, Z = 0)$ のエネルギーでは $E_A = -a_v + a_{sym}$ となっており，E_0 と S_0 の両方が寄与することがわかる．質量公式のパラメータは原子核質量の測定データ群をもとに決められており，a_v や a_{sym} の値を通じて核物質の状態方程式を探るための基礎となっている．特に中性子物質の鍵となる a_{sym} を決定するためには，中性子が多い不安定核を系統的に調べることが重要である．

質量公式をもとにして，一般の密度における核物質のエネルギーを表す式を考えよう．核子数密度 n_B，陽子の割合 $Y_p = n_p/n_B$ における核物質の 1 核子あたりのエネルギーは

$$E(n_B, Y_p) = E_{bulk}(n_B) + E_{sym}(n_B)(1 - 2Y_p)^2 \tag{3.12}$$

と近似的に表せる．$E_{bulk}(n_B)$ は対称核物質のエネルギー，$E_{sym}(n_B)$ は対称エネルギーの密度依存性を表している．中性子物質のエネルギーは $E_{bulk}(n_B) + E_{sym}(n_B)$ と表せる．理論・実験データから 2 つの関数形を決めれば，$Y_p = 0$，$Y_p = 0.5$ だけでなく任意の Y_p についても核物質のエネルギーを計算できる．中性子星内部の物質は，中性子だけでなく陽子が少し混ざっており $Y_p = 0.1$ などの値をとるが，この関数形を応用してよい近似で中性子星物質の性質を引き出すことができる．

核物質密度 n_0 付近でのエネルギーの変動を特徴づけるため，E_0, S_0 のほかに微分係数をもとにした量を定義する．n_0 で極小値をとる対称核物質のエネルギーの曲率を表す量として非圧縮率を

$$K = 9n_0^2 \frac{d^2 E_{bulk}(n_B)}{dn_B^2}\bigg|_{n_B = n_0} \tag{3.13}$$

で定義する．この値により n_0 付近でエネルギー関数を放物線で近似して

$$E_{bulk}(n_B) = E_0 + \frac{K}{18n_0^2}(n_B - n_0)^2 \tag{3.14}$$

と書くことができ，高密度でのエネルギーの上がり具合を表せる．対称エネルギーは，核物質密度付近で増加関数であるが，その傾きを

$$L = 3n_0 \frac{dE_{sym}(n_B)}{dn_B}\bigg|_{n_B = n_0} \tag{3.15}$$

というパラメータで表す. n_0 付近では

$$E_{\text{sym}}(n_B) = S_0 + \frac{L}{3n_0}(n_B - n_0) \qquad (3.16)$$

と書くことができ，中性子物質のエネルギー増加の傾向を表せる.

E_0, K, S_0, L の 4 つのパラメータは状態方程式の振舞いを決める基礎量となっている. これらを決めるには，不安定核を含む原子核の質量・半径の測定データに加えて，原子核反応により原子核の密度揺らぎを起こして共鳴状態を探るなど，実験・理論による総合的な解析が必要である. 代表的な値としては，$E_0 = -16$ MeV, $S_0 = 28\text{--}35$ MeV, $K = 220\text{--}260$ MeV, $L = 30\text{--}110$ MeV をとるが，この値を正確に定めることは現代の原子核・宇宙物理の課題の一つである（8.6 節）.

これらの値は核物質密度付近での情報しか表していないことに注意してほしい. 中性子星・超新星内部は極限的な環境であり，核物質密度より高密度な領域でのエネルギーの振舞いを求めることが本質的である. 実際に中性子星を扱うためには，低密度から高密度までの広い範囲で密度の関数[6] としてエネルギー・圧力の情報が必要である. エネルギー $E(n_B)$ がわかれば，圧力は熱力学の関係式により

$$P(n_B) = -\frac{dE(n_B)}{dV} = n_B^2 \frac{dE(n_B)}{dn_B} \qquad (3.17)$$

と求めることができるので，1 核子あたりのエネルギーの関数 $E(n_B)$ を求めることに注力すればよい. 圧力はエネルギーの密度微分に比例するので，図 3.1 のようなエネルギー・密度のグラフにおいて傾きが大きいことは，圧力が大きいことを表しており，状態方程式が固いことを表している. このような圧力の大きさ（および圧力の増え方）も状態方程式の固さの目安である.

核物質については，上述の 4 つのパラメータだけでなく，高密度におけるエネルギーの密度依存性も有益な情報となる. エネルギーを密度のベキ乗 $E = Cn_B^\alpha$ で表したとき，ベキ乗のパラメータは圧力の振舞いを通じて星の構造・ダイナミクスに大きな影響力を持っている（4.1 節）. 高密度では多数の核子から受ける影響が大きい. 例えば，3 個の核子間に働く力（3 体力）のような多体力は密

---

[6] 密度に応じて陽子と中性子の割合など組成を決定することも必要である（4.3 節）.

度依存性を担っており，軽い原子核の特性から 3 体力の情報を引き出す研究も
進んでいる．

3.4 核力と核子多体理論

　中性子星や超新星の内部は，原子核内部に比べて，さらに中性子過剰で高密
度になっている．原子核データから引き出せる情報は，核物質密度付近まで，
対称核から少し中性子過剰になった程度までの範囲に限られる．また，実験で
測定される物理量（散乱断面積など）から一様物質の情報を引き出す際には理
論的なモデルが介在しており，状態方程式を間接的に探らざるを得ない．原子
核データによる状態方程式への制限情報を用いながら，微視的な理論により極
端な環境における状態方程式を導くことも必要である．このためには，核子間
の相互作用から積み上げて多体核子系の性質を定めて，密度・組成の関数とし
て核物質のエネルギー $E(n_B, Y_p)$ を求めなければならない．

　一様物質中の核子は，周りにあるすべての核子から力を受けている．2 つの
核子の間に働く力が決まったとすると，多くの核子から受ける力を足し合わせ
て，全体から受ける力が決まる．この力の様子をポテンシャル（力を導くため
の位置エネルギーの関数形）として与えて，核子に関するシュレーディンガー
方程式を解けば核子のエネルギー準位が求まり，フェルミ面までエネルギーを
積分すれば核物質のエネルギーを計算できそうである．このように多くの粒子
からの寄与を平均化した力を表すポテンシャルを平均場と呼ぶ．本来は核子多
体系の原子核であるが，モデル化した平均場ポテンシャルを用いて，内部構造
やエネルギー準位を効率よく記述することができる[7]．例えば，調和振動子ポ
テンシャルや Wood-Saxon 型ポテンシャル（有限井戸型の表面を鈍らせた型）
は基礎モデルとして多く用いられている．問題はこの平均場ポテンシャルをど
のように決定するかである．核子数密度に比例した形に決めるなど現象論的に
考えることはできるが，すべての核子からの相互作用を足し上げる微視的な計

[7) 水素原子の問題をもとに多電子原子の問題を解く際に，ほかの電子の分布は足し合わ
せて，電荷遮蔽などの効果のもとで 1 電子の問題に近似して解くことに似ている．

算が実は難しい.

核子多体問題を解いて核物質の状態方程式を求めることは,原子核物理における長年の課題であり,いまだ解決していない問題の一つである.この問題の難しさを知るために,2つの核子間に働く相互作用(核力)の特性を見てみよう.核力の基本的な性質は,核子同士の散乱実験や重陽子の性質から詳しく調べられている.理論モデルに基づいて実験データによりパラメータを決定した精密な相互作用のセットが提案されているが,その性質の概略は,中間子を交換することにより生み出される引力と斥力の組合せにより特徴づけられている.図3.2 に典型的な核力ポテンシャルの形を示した.距離の大きいところ $(r \gtrsim 2\,\mathrm{fm})$ では,π 中間子の交換による引力(Yukawa 型ポテンシャル[8])が代表的である.中距離 $(1\,\mathrm{fm} \lesssim r \lesssim 2\,\mathrm{fm})$ では,2つの π 中間子や重い中間子 (ρ, ω, σ) の交換による力が重要となり,近接距離 $(r \lesssim 1\,\mathrm{fm})$ では,強い斥力が支配的となる.中間子の質量に応じて(コンプトン波長程度で決まる)到達距離が異なることに注意してほしい.また,相互作用の強さ・形は2核子の相対角運動量・スピン・アイソスピンにも強く依存している.

π 中間子による緩やかな引力は,原子核が束縛するための源である.短距離における強い斥力は,斥力コアとも呼ばれており,核子同士が互いに近づくことを妨げる役割を果たしている.これらの核力の性質が組み合わさり,原子核・核物質は飽和性を示している.束縛の性質をもたらす引力だけではどんどん核子が密集してしまい不安定となるが,高密度になると強く働く斥力が存在しており,両者のおかげで一定の密度で安定となっている.また,この強い斥力芯のため,中性子星はつぶれずに支えられており,超新星の中心部がバウンスして衝撃波を作り出す源になっている.したがって,斥力芯がどのような性質であるかは天体物理にとって本質的であるが,短距離での核力の性質はいまだわかっていないことも多く,現代における研究テーマでもある.

核力の2体力がわかったとして,原子核における飽和性を説明できるだろうか.実は定性的には理解できているが,定量的には説明できていないのが現状である.核子の多体系を扱うにあたって,中心にある強い斥力コアのため摂動

---

[8] 1949 年にノーベル物理学賞を受賞した湯川秀樹博士の名前に基づく.

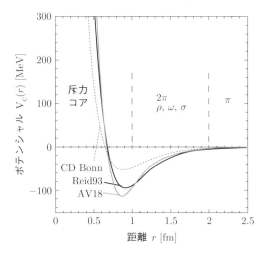

図 3.2 核子間に働く核力ポテンシャルの例．代表的な核力モデル 3 つ (CD Bonn, Reid93, AV18) の場合が 3 本の線で示されている．核子間距離によって核力の性質が異なる．遠距離では π 中間子による引力，中距離では 2π 中間子や重い中間子 (ρ, ω, σ) 交換による引力・斥力があり，近距離では強い斥力コアが存在する [3]．

論が使えないこと，パウリの排他律に従って状態配位の制限があること，核力に状態依存性があること，などが問題を難しくしている．核子多体問題では，核子間相互作用を含むハミルトニアンのもとで，多体粒子の波動関数とエネルギー固有値を求めるのが目的である．多く用いられているのは，多体波動関数を近似して変分法により求める手法，媒質中における 2 核子散乱を扱う手法などである．どちらも核物質中におけるパウリの排他律を考慮して，粒子相関や媒質効果を系統的に取り込む工夫がされている．

実験から定めた 2 体核力を用いて核子多体問題を解いてエネルギー関数を求めると確かに極小となる点があり，核物質が安定となる性質は記述できている．しかし，理論計算により実験で決まっている飽和点（-16 MeV, 0.16 fm^{-3}）を定量的に再現することは容易ではない．図 3.3 に様々な核力を用いた核子多体理論による核物質の飽和点の計算例を示した．核子散乱実験だけでは決まらない不定性が残っており，核力モデル・パラメータによって飽和点はばらついているが，その位置（図 3.3, 丸印）には系統性があり，Coester Line と呼ばれる

第 3 章 高密度物質の状態方程式

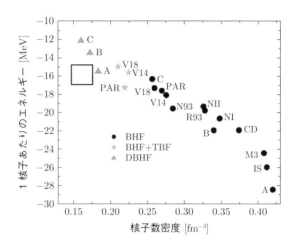

図 3.3 様々な核力を用いた核子多体理論による核物質のエネルギー計算で得られる核物質の飽和点（極小点での 1 核子あたりのエネルギー・密度）および実験的な飽和点（四角の囲み）[4].

一直線上にほぼ並んでいる．しかし，この線は実験による飽和点（図 3.3，四角枠）からは外れており，密度を合わせると束縛エネルギーが小さすぎ，束縛エネルギーを合わせると密度が高すぎる特徴がある．

　この不一致を説明するのは，2 体核力の積み重ねでは記述できない，多体力などの効果であると考えられている．例えば，現象論的に 3 体力を導入して核子多体理論計算を行うと，同じ 2 体力であっても飽和点は，図 3.3 の星印のように，実験値により近づく結果となる．また，相対論的な多体理論（図 3.3，三角印）では，反粒子を経由して多体効果が現れるため，強い密度依存性を持った斥力の寄与により，飽和点は実験値に近づくことが知られている．このように，多体力は飽和性をもたらす際に本質的な役割を果たしていると考えられる．しかし現段階では多くの場合，多体力は理論モデルとして導入されており，飽和性を再現するように強さや密度依存性のパラメータが決定されている．このため，核物質の理論計算は，核物質密度付近では正しいとしても，高密度になった際の振舞いを十分に決めることができない．また，中性子物質の多体力については，ほとんど情報がないため不定性が大きい．つまり，核力から積み上げて中性子星の状態方程式を求めることは現在でも未解決の課題となっている．

3.4 核力と核子多体理論

図 3.4 は，最近の核子多体理論による対称核物質および中性子物質の状態方程式の計算例である．相対論的な核子多体理論（DBHF）および 3 体力 (3BF) を考慮した非相対論的な核子多体理論 (var, BHF) による結果では対称核物質の飽和性はおおむね再現されているが，高密度でのエネルギーの振舞いには違いが現れている．また，中性子物質のエネルギーは低密度では一致しており，核物質密度付近から高密度では大きな不定性を持っている．

最近では，新たな核子多体問題の計算法が開発され，核力に基づいて原子核と核物質を同じ枠組みで計算することや，量子色力学に基づいてクォークの自由度から，近接距離での斥力コア・3 体力などを導こうとする計算（格子 QCD 計算）が行われるようになった．これらの手法は大規模な数値計算が必要であり，スーパーコンピュータの能力が飛躍的に向上したことで研究が進んでいる分野である．ここまでは核子自由度に限って述べてきたが，ハイペロンなどの粒子が混入した場合の媒質中での相互作用の振舞いとエネルギーの導出，クォークが出現するに至る相転移および超高密度状態でのクォーク物質の存在形態などは理論および実験の両面から探るべき，今後もチャレンジが必要な研究分野である．

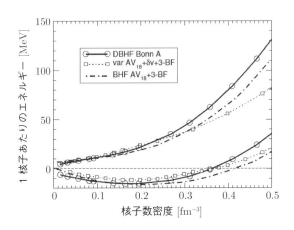

図 3.4 最近の 3 つの核子多体理論による対称核物質および中性子物質の計算例．1 核子あたりのエネルギーを密度の関数として示した [5]．

第3章　高密度物質の状態方程式

3.5　核物質と原子核を扱う平均場理論

　核力のみから出発して核子多体理論により原子核および核物質・中性子物質を計算して中性子星や超新星へ応用できれば理想的である．しかし，天体物理で必要とされる状態方程式の情報は多様であり，極端な条件での物質の性質を調べるためには，第一原理的な多体理論の計算は複雑すぎて現実的ではないことが多い．特に超新星爆発では，密度・温度・組成の幅広い領域で，物質の熱力学的な諸量を求めるため，核子多体系を効率よく記述する方法が必要である．この目的においては，原子核を記述するために開発された近似計算法を天体における極限物質へ適用する道筋が有効である．また，原子核構造・反応の実験データから得られる対称エネルギーや非圧縮率などの制限情報を十分に活かすこともできる．最新の原子核データを再現できるように作られた有効相互作用を用いて，核子多体理論の近似計算法により，高温高密度での物質の性質を導くのである．

　核子多体理論の長年の研究により，核物質中での核力の振舞いを効率よく記述する有効相互作用が多く提案されている．これに対応して，多体計算方法における近似展開のうち，高次の効果を有効相互作用に取り入れて記述し，低次の近似により核子多体系を扱う近似計算法も多く開発されて，核構造・反応の研究に活用されてきている．例えば，多体粒子の波動関数を，1粒子の波動関数の積で表すことに対応するHartree近似，さらにフェルミ粒子交換による反対称化を考慮したHartree-Fock近似などが代表的である．ここで得られる平均場ポテンシャルは，核子数密度の関数で表されていて，核子多体系中での効果を足し込んだものになっている．こうした多体計算法では，シュレーディンガー方程式から導かれる波動関数をもとに核子数密度を計算して，得られた核子数密度のもとでハミルトニアンを計算して，再びシュレーディンガー方程式を解く，という繰り返しを行って，解が収束するまで反復計算を行う自己無撞着計算が必要である．

　例えば，核構造の研究で頻繁に用いられるスキルム力Hartree-Fock法では，デルタ関数で表される到達レンジゼロの2体相互作用から出発して平均場ポテ

ンシャルを導き，そのポテンシャルのもとで核子のシュレーディンガー方程式を解く．有効相互作用ハミルトニアンは核子の密度，運動エネルギー密度などの関数として表した項の組合せで構成されている．また，多体力を表すために密度のベキ乗を含む項を導入している場合もある．一方，相対論的な核子多体理論を近似的に扱う手法として相対論的平均場理論 (Relativistic Mean Field Theory, 以下では RMF 理論) も多く用いられている．核子と中間子の場からなるラグランジアンから出発して，中間子場を核子の密度により作られる平均場として扱い，その平均場ポテンシャルの寄与を含むディラック方程式により核子のエネルギー状態を定める．

RMF 理論の場合について，どのような扱いかを簡単に見ておこう．定常状態の原子核・核物質内の核子は相対論的なフェルミ粒子に対するディラック方程式

$$[-i\boldsymbol{\alpha} \cdot \nabla + \beta M^* + U_V]\Psi_i = \varepsilon_i \Psi_i \tag{3.18}$$

に従う核子のスピノール場 Ψ_i により記述される．ここで，$\boldsymbol{\alpha}, \beta$ はディラック行列である．核子は平均場ポテンシャルの影響を受けており，核子質量 M はスカラーポテンシャル U_S の影響により有効質量 M^*

$$M^* = M + U_S = M + g_\sigma \sigma \tag{3.19}$$

となり，ベクターポテンシャル U_V

$$U_V = g_\omega \omega + g_\rho \tau_3 \rho \tag{3.20}$$

の中で運動している [9]．これらのポテンシャルは中間子の（古典）場により記述される．この中間子の場の形式は相互作用の性質を表しており，出発点となるラグアンジアンにより異なる．ここでは 3 種類の中間子 (σ, ω, ρ) による簡単な例を示した．中間子の場は

$$(-\Delta + m_\sigma^2)\sigma = -g_\sigma n_s \tag{3.21}$$

---

[9] 原子核の記述にはクーロン力を表す電磁場も含まれるが，核物質の場合を想定して，ここでは省略している．

$$(-\Delta + m_\omega^2)\omega = g_\omega(n_n + n_p) \tag{3.22}$$

$$(-\Delta + m_\rho^2)\rho = g_\rho(n_n - n_p) \tag{3.23}$$

のようにクライン・ゴルドン方程式を満たしている．n_n, n_p, n_s は，それぞれ中性子密度，陽子密度，核子スカラー密度である．これらの密度は核子の場 Ψ_i による確率密度分布の期待値からそれぞれ計算される．核子群の存在により作られた中間子の場において核子が運動して，その核子群が再び中間子の場を作るというふうに方程式がとじており，これらの方程式の組を自己無撞着になるように解いて核子・中間子のエネルギーを求める．

　これらの平均場理論では相互作用を決めるためのパラメータは核物質の飽和性を再現するように作られており，原子核の基底状態の質量や半径，励起状態や遷移確率などの実験データをよく再現するように定められている．上述の RMF 理論の場合は，中間子と核子の間の結合定数 $g_\sigma, g_\omega, g_\rho$ や相互作用のレンジを決める中間子の質量 $m_\sigma, m_\omega, m_\rho$ がパラメータである [10]．

　原子核を扱う場合は有限系として方程式の組を解き，状態方程式を扱う場合は一様物質の無限系を解けばよい．このとき，有限系も無限系も同一の相互作用のもとで一貫して扱っているのがポイントである．中性子星などを探る場合には，似た組成である中性子過剰な原子核の質量や半径をよりよく再現するかどうかで，相互作用の善し悪しを決定する．極限まで中性子の割合が大きい不安定原子核を扱うための不安定核ビーム実験施設による実験データが状態方程式を定めるための貴重な情報となる．核物質における対称エネルギー，非圧縮率などの値が実験データの範囲にあるかどうかもチェックの一つである．どの相互作用・モデルがよりよく原子核を記述できるのかを吟味したうえで，核物質のエネルギー関数 $E(n_B, Y_p)$ を求めて天体現象へ応用する．

　RMF 理論の例においても，核構造・核物質をよりよく記述するために，中間子の場の形式に様々な改良が行われている．例えば，より微視的な核子多体理論のベクター・スカラーポテンシャルの振舞いを再現するように相互作用の形に工夫がなされている．図 3.5（左）では核物質中での核子に対するディラッ

[10) これらは核子散乱により決められる相互作用とは異なり，多体効果などを含んだ有効相互作用と呼ばれる．

3.5 核物質と原子核を扱う平均場理論

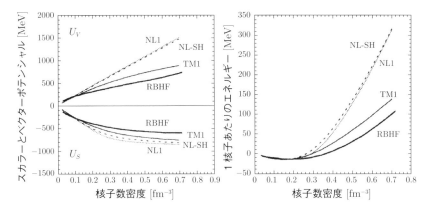

図 3.5 相対論的な核子多体理論 (RBHF) と相対論的平均場理論 (NL1, NL-SH, TM1) による状態方程式の比較．(左) ベクター・スカラーポテンシャル，(右) 対称核物質の 1 核子あたりのエネルギーを密度の関数として示した．TM1 では (NL1, NL-SH にはなかった) 斥力に非線形な効果が新たに取り込まれており，RBHF の振舞いをよりよく再現する [6].

ク方程式 (3.18) のポテンシャルの密度依存性を示した．従来の相対論的平均場理論 (NL1, NL-SH) ではベクターポテンシャル U_V が線形の増加を示すのに対して，相対論的な核子多体理論 (Relativistic Brückner Hartree-Fock[11]，以下では RBHF) では高密度で増加傾向が弱まる傾向がある．この傾向を非線形な相互作用を取り入れることにより改善した結果が TM1 である．これによりスカラーポテンシャル U_S についても振舞いが改善されている．対応して得られる対称核物質の状態方程式（図 3.5 右）についても，従来の RMF による状態方程式が固すぎるのに対して改良型の RMF は RBHF の振舞いをおおむね再現できるものとなった．このように微視的な核子多体理論による振舞いをもとに核子多体有効理論を天文・超新星へ応用するのである．

こうして核子多体有効理論を新たに改良していく際には有効相互作用に導入する項が増えるので核物質や原子核の実験データをもとに注意深く含まれるパラメータを決定しなければならない．上述の改良型 RMF (TM1) では同位体を含む原子核系列の質量・半径のデータをもとに相互作用が決定されている．図 3.6（左）は陽子数が魔法数である原子核の 1 核子あたりの束縛エネルギーであ

---

[11] Dirac Brückner Hartree-Fock と呼ぶ場合もある．図 3.4 の DBHF を参照のこと．

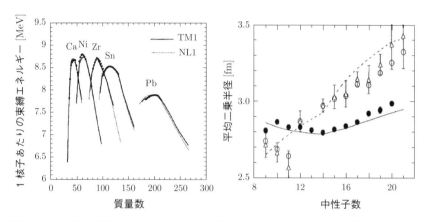

図 3.6 原子核の質量・半径の実験データ（印）と RMF 理論による値（線）．（左）1 核子あたりの束縛エネルギー（横軸質量数），（右）Na 同位体の陽子分布・中性子分布の平均二乗半径（横軸中性子数）．中性子過剰な領域で中性子分布半径（白抜き印）の方が陽子分布半径（黒丸）よりも大きくなっている [6, 7]．

る．同位体系列の中でもっとも大きな束縛エネルギーを持っているところが安定核に対応しており，そこから離れた不安定核では小さな値となる．こうした同位体系列が持つ実験値の振舞いを理論値は平均的によく再現している．ここには有効相互作用の決定に用いられた原子核も含まれているが，それ以外の同位体についても理論予測が有効であることがわかる．核子多体有効理論や有効相互作用を検証するためには，まだ実験データがない不安定核の質量・半径を系統的に測定することが重要である．1990 年代から活発に行われるようになった不安定核ビーム実験の研究成果により，中性子過剰な領域での有効相互作用の振舞いは不安定核の半径の違いとして顕著に現れることがわかってきた．図 3.6（右）には Na（原子番号 11）同位体の陽子・中性子分布の平均二乗半径の実験データと理論計算値が比較してある．安定な Na 原子核（質量数 23，中性子数 12）では陽子分布と中性子分布はほぼ同じ広がりであるが，中性子過剰な原子核になると中性子分布の半径は大きくなり，陽子分布の外側に厚みを持った皮（中性子スキン）を持つようになることが実験により発見された．ここで ^{23}Na は陽子の割合 $Y_p = 0.48$ でほぼ対称であるが，右端に近い ^{31}Na では $Y_p = 0.35$ と陽子の割合が小さく（中性子の割合が大きく）なっていることに留意してほ

しい．このような中性子スキンの厚みは原子核の対称エネルギーと密接な相関を持っており，中性子過剰な領域での相互作用の制限に役立つ．RMF 理論の相互作用を新しい実験データにより検証することで中性子過剰な領域へ応用する道筋をとればよさそうである．このように多角的な吟味のもとで構築された核子多体有効理論と有効相互作用を用いて作られた状態方程式が超新星の数値シミュレーションに用いられている（爆発への影響については 8.4 節）．

3.6 高温高密度物質の状態方程式データ

核子多体理論を超新星へ応用するにあたっては，これまでのゼロ温度の結果から拡張して，有限温度 T のもとでエネルギー関数 $E(n_B, Y_p, T)$ を求める必要がある．有限温度へ拡張するのは，核子多体理論においてエネルギーを求める際に粒子の統計力学的な分布を考慮して扱えばよい．例えば，フェルミ粒子については，ゼロ温度ではエネルギー準位をフェルミエネルギーまで単純に足し上げていたが，有限温度ではフェルミ・ディラック分布

$$\frac{1}{1 + \exp[(\varepsilon_i - \mu)/T]} \tag{3.24}$$

に置き換えて分布を積分する．ここで T は温度[12]，μ はフェルミ粒子の化学ポテンシャルである．また，1 核子あたりのエネルギーを扱う代わりに，温度一定のもとでの 1 核子あたりの自由エネルギー $F(n_B, Y_p, T)$ を

$$F = E - TS \tag{3.25}$$

（S は 1 核子あたりのエントロピー）から求めて，熱力学的関係式を用いて圧力

$$p = n_B^2 \left[\frac{\partial F}{\partial n_B} \right]_{T, Y_p} \tag{3.26}$$

中性子の化学ポテンシャル[13]

---

[12] 以下では $k_B = 1$ とする．

[13] 陽子の場合も同様．

$$\mu_n = \left[\frac{\partial n_B F}{\partial n_n} \right]_{T, n_p} \tag{3.27}$$

などを求める.

　原子核データに基づいた核物質の計算を超新星爆発へ応用するためには，有限温度や中性子物質以外の様々な組成へと，さらに拡張を行う必要がある．大質量星の重力崩壊からコアバウンス・爆発，そして中性子星やブラックホールの誕生に至るまでに，到達する密度・温度・組成[14] の範囲は極めて広く，

$$\rho = 10^5 \text{--} 10^{16} \text{ g/cm}^3$$
$$Y_e = 0 \text{--} 0.6 \tag{3.28}$$
$$T = 0 \text{--} 100 \text{ MeV}$$

のように，数値シミュレーションにおいて必要となる領域をあらかじめカバーして用意しておかなければならない．単なる一様な物質だけでなく，物質が非一様に分布していたり，多種多様な原子核が分布している状況も現れる．流体ダイナミクスやニュートリノ反応率を計算するため，各密度・温度・組成の条件において，エネルギー・圧力・化学ポテンシャル・エントロピー・組成比などの量を熱力学的に正しく求める必要がある．広い範囲をカバーして状態方程式を一貫して記述することができる理論枠組みにより，諸量を関数やデータテーブルにするなどライブラリ化するのである．

　このような系統的な形式で状態方程式を求めることは，中性子星の場合に比べると難しく，近年までは超新星の状態方程式データ・ライブラリの数は限られていた．初期のころは，状態方程式を密度・温度・組成の関数として簡単な公式により表して，核物質のパラメータ（固さ等）への依存性を系統的に調べることが行われた．1990 年代には，原子核実験データを再現する相互作用のもと核子多体理論に準じた計算手法で状態方程式データ・ライブラリが複数作られるようになり，現在では原子核データ・中性子星の性質を反映させた定量的な違いが研究されるようになっている．また，計算能力の向上により，第一原

---

[14] 密度は，原子質量単位 m_u を用いて $\rho = m_u n_B$ とする．組成の指標は，核子数に対する電子数の割合 $Y_e = (n_{e^-} - n_{e^+})/n_B$ である．荷電中性の条件により，通常は陽子総数の割合と等しい．

3.6 高温高密度物質の状態方程式データ 49

理的に核力からスタートして核子多体理論により超新星の状態方程式を構築することも行われている.

超新星における物質では陽子・中性子・原子核が混在している. どのような組成であるかについても, その情報が状態方程式データに含まれている[15]. 原子核が融けたような非一様な核物質も含めて扱うため, 例えば, 体積要素 (Wigner-Seitz Cell と呼ばれる) において, 原子核・核子の2相共存を解く方法, 密度分布に基づいて各点でのエネルギー分布を求める方法 (local density 近似あるいは Thomas-Fermi 近似など) により, 空間積分を行って原子核・陽子・中性子が混在する状態の自由エネルギー

$$F = F_A + F_p + F_n \tag{3.29}$$

を求めて, 最小化により実現する組成および分布の状態を決定する. このとき, 原子核の自由エネルギーを求めるには, 質量公式で扱ったように表面・クーロンエネルギーなどを含めた有限系としての計算が必要である. 図 3.7 は, 核物質密度の 10 分の 1 程度の密度における, 物質中における核子分布の例である. 原子核の外には核子がしみ出しており, アルファ粒子も混在している. このように各密度・温度・組成において, どのような分布で核子と原子核が混在するのかを逐一求めて調べなければならない.

図 3.8 は, 高温高密度核物質の組成変化を示した相図である. 密度・温度の平面上で原子核・アルファ粒子・核子の混合のうち主な成分となるものを表している. 粒子の混在度は質量数比 (質量密度の比) を用いて表すことが多い. 混合物質の平均核子数密度 n_B において, 質量数 A の原子核の数密度が n_A であるとき, 質量数比は $X_A = An_A/n_B$ である. 図 3.8 の X_α はアルファ粒子の質量数比 $X_\alpha = 4n_\alpha/n_B$ を表しており, 質量数比 10^{-4} の境界が破線で示してある. 温度を固定して密度を上げていくと, 低密度ではボルツマンガスとしての核子, 中間領域では原子核が多くの割合を占めており, 核物質密度以上では一様核物質になっている. 密度を固定して温度を上げていくと, 原子核は安定度を保つことができずに融けてしまい, 一部はアルファ粒子となり, 十分に高い

---
[15] 電子・陽電子・光子も存在しているが, 熱平衡・荷電中性条件を満たすように計算して加えればよい. 重要なのは核子自由度の存在形態としての組成である.

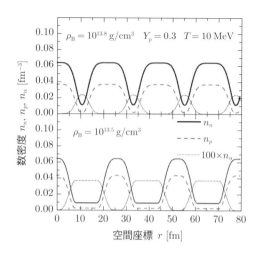

図 3.7 高温高密度核物質における核子の空間分布．2 つの密度条件（温度 10 MeV，組成 $Y_e = 0.3$ を固定）のとき，中性子（実線）・陽子（破線）・アルファ粒子（点線，100 倍に拡大）の分布により原子核・（外へしみ出した）核子・アルファ粒子が共存している様子がわかる [8]．

温度ではどの密度でも核子ガスとなる．この境となる高い温度は臨界温度と呼ばれており，原子核衝突による実験により対応する状況を作り出してその性質を探る研究も行われている．これらの組成比は，超新星の内部においてニュートリノが反応する過程の種類・反応率を決めるうえで重要である．

状態方程式の固さだけでなく，有限温度での振舞いや組成も天体物理で影響力を持っている．原子核物理の情報から得られた超新星における高温高密度物質の状態方程式データ・ライブラリを用いて，超新星の数値シミュレーションを行った際に，星の爆発は起きるのだろうか．この後は状態方程式と天体現象との関わりを見ていこう．

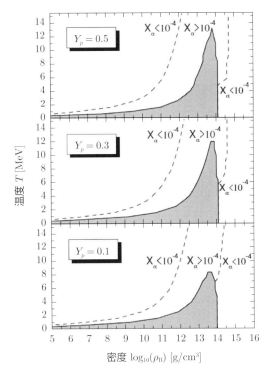

図 3.8 高温高密度核物質の主な組成を密度・温度の平面上で表した相図. 陽子の割合（3通り）は固定してある. グレー部分では原子核, 破線で挟まれた領域ではアルファ粒子が多く存在している [8].

第4章 高密度天体の内部構造

　理論的に計算して得られた状態方程式の知識をもとに中性子星の構造を決めて，天体観測からわかる事実と照らし合わせて，内部状態を探っていこう．特に，中心密度は核物質密度の何倍程度なのか，中性子星において実現される密度範囲は必須の情報である．中性子星の構造を決定するには，星の平衡形状の方程式系（重力と圧力のバランス）を一般相対論のもとで解けばよい．このとき，状態方程式は構造を決めるうえで重要な役割を担っており，安定な中性子星の系列における最大質量を決めている．中性子星の最大質量は，状態方程式の検証における基本量であり，ブラックホール形成に至る臨界値でもある．

　中性子星の構造を求めたら内部の組成を見ていこう．表面から中心までの物質の存在形態はたいへん多様であり，原子核・ハドロン・クォークの物理現象がぎっしり詰まっている．組成の移り変わる様子は，超新星爆発の初期の段階から中性子星誕生までの物質の変性にも対応している．組成決定を担っているのはベータ平衡と呼ばれる条件である．この条件が密度上昇につれて中性子の割合が高くなる方向を決めている．超高密度でハイペロン粒子やクォークが出現する現象も，ベータ平衡条件下でエネルギーが低い存在形態へ向かうメカニズムを考えればよい．

　高密度におけるエキゾチックな状態など，様々な理論的な予測を検証するための中性子星の観測データにはどのようなものがあるだろうか．状態方程式の固さや組成の違いは中性子星の質量や半径に反映されるので，精密な天体観測データは状態方程式に強い制限を与える．中性子星では地上実験では達成できないような超高密度が達成されていると考えられ，宇宙における極限状態の実験室ともいえるだろう．原子核・ハドロン・クォークの理論を総動員して得られる知識を最新の天体観測から探る道筋を見ていこう．

4.1 星の静水圧平衡形状

 星が安定な構造を保っているのは,自らに働く重力と内部物質の圧力の両者がつり合っていることによる.高密度物質の性質に応じてどのような星の性質になるのか,星の構造を決める方程式を導こう.簡単のため,球対称で回転のない星を考える.星内部の質量密度分布を $\rho(r)$ とすると半径 r の内側にある質量 $M(r)$ は,薄い球殻内の質量を積分すると

$$M(r) = \int_0^r 4\pi r'^2 \rho(r') dr' \tag{4.1}$$

と表される.これを質量座標と呼び,半径の代わりに動径方向の座標として用いることが多い.半径 r から $r+dr$ の間の球殻に含まれる質量 dM は $dM = 4\pi r^2 \rho(r) dr$ なので

$$\frac{dM(r)}{dr} = 4\pi r^2 \rho(r) \tag{4.2}$$

の関係が成り立つ.次に,この球殻に働く力のつり合いを考える.圧力の分布を $P(r)$ とすると,図 4.1 のように薄い球殻に働く内外の圧力差 $P(r) - P(r+dr) = P - (P+dP) = -dP > 0$ により外向きの力 $-dP \cdot 4\pi r^2$ が働いている.内部の質量から球殻に働く重力は内向きの力 $GMdM/r^2$ であるので,両者のつり合い

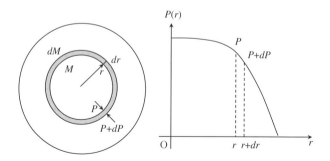

図 4.1 球対称な星の構造と圧力の分布.(左)半径 r での球殻の質量に働く圧力,(右)圧力分布において球殻に働く圧力の差.

により

$$\frac{dP(r)}{dr} = -\frac{GM(r)\rho(r)}{r^2} \tag{4.3}$$

が成り立つ. ここで dM について式 (4.2) を用いた. これらの方程式を解くためには圧力 P と密度 ρ の関係（状態方程式）

$$P = f(\rho) \tag{4.4}$$

が必要である. 式 (4.2), (4.3), (4.4) による方程式系を解けば, $\rho(r)$, $P(r)$, $M(r)$ が求まり, 星の構造が決まる[1]. 実際に計算で構造を求めるには, 中心の密度 ρ_c を決めて, 外へ向かって積分していけばよい. 式 (4.3) により $P(r)$ は減少関数であり, ある半径 $r = R$ で $P = 0$（星の表面）となる. このときの $M(R)$ が星の質量である.

このとき, 星を支える物質の状態方程式 (4.4) は星の構造・質量・半径を決めているだけでなく, 星の安定性も決めている. 圧力と密度の関係が $P = C\rho^\Gamma$ である場合[2]には, 星の力学平衡の構造・安定性が詳しく調べられている. 星を少し圧縮・膨張させたときに元の形状に戻るかどうか, 半径方向の摂動を与えた際の構造変化の方程式を解くと密度のベキ乗の指数 Γ により安定・不安定が分かれることがわかる. 星が安定であるためには $\Gamma > 4/3$ である必要があり, $\Gamma < 4/3$ であると, 星は少しでも圧縮されるとつぶれていってしまう. $\Gamma = 4/3$ はその境目の臨界値である. 3 章において調べた, フェルミ粒子のガスの場合, 相対論的（ガス粒子の質量ゼロの極限）な場合は $\Gamma = 4/3$ で臨界値, 非相対論的な場合は $\Gamma = 5/3$ で安定である. 相対論的電子ガス ($\Gamma = 4/3$) は超新星現象を起こす前の親星の鉄コアを支えている. 核物質では理論モデルによるが $\Gamma = 2$–3 などとなっており, 中性子星を支える源となっている. Γ の値を決めることも核物質を探るうえでの課題の一つである.

---

[1] 一般には, 星内部の温度・組成分布も求めるため, エネルギー輸送・保存や反応過程も解く必要がある. 状態方程式は温度や組成の関数でもある（3.6 節）.

[2] このような状態方程式に従うガスはポリトロープ (Polytrope) と呼ばれる. 密度のベキ乗の指数 Γ は断熱指数 (Adiabatic index), $\Gamma = 1 + \frac{1}{n}$ で決まる n はポリトロピック指数と呼ばれる.

56　第 4 章　高密度天体の内部構造

4.2　一般相対論による扱い

　中性子星は小さな半径に質量が詰め込まれた天体であるため，その重力は非常に強く，光が逃げ出すのが容易でないほどである．このようにコンパクトな天体では，星の構造やダイナミクスを扱う際に，一般相対論による記述が必要である．一般相対論的な効果が重要であるかどうかを測る目安としては，星の表面からの脱出速度と光速度の比較を考えるとよい．質量 M，半径 R である球対称な星の表面から，無限遠まで脱出するために必要な初速度（脱出速度）は

$$v_0 = \sqrt{\frac{2GM}{R}} \qquad (4.5)$$

である．ここで G は万有引力定数である．この値が光速度を超えると，光すらも脱出できない状況となる．光速度 c に対する比 v_0/c は，星の質量と半径の比で決まり，典型的な質量と半径（4.5 節）の中性子星では

$$\frac{v_0^2}{c^2} = \frac{2GM}{Rc^2} = 0.41 \left(\frac{M}{1.4M_\odot}\right) \left(\frac{10 \text{ km}}{R}\right) \qquad (4.6)$$

であり，一般相対論効果を無視することはできない．ここで，$v_0 = c$ となる半径

$$R_g = \frac{2GM}{c^2} \qquad (4.7)$$

は，一般相対論におけるシュバルツシルト半径に対応する．質量 $1.4M_\odot$ の天体では $R_g = 4.1$ km であるので，同じ質量で半径が 4.1 km より小さい天体が見つかれば，ブラックホールの候補となる．

　一般相対論では，重力は曲がった時間・空間として記述される．質量を持った天体が存在すると，その周辺の時空の歪みにより時間の遅れや光の軌道の曲がりが生ずる．例えば，重力場の強いところから光が遠ざかる際には，光の波長が長く（エネルギーが低く）なる赤方偏移が起こりうる．ニュートン重力に比べて，重力がより強くなっているので，中性子星の構造を求める際には一般相対論は必須である．また，超新星爆発においても，中心天体（中性子星誕生）における重力エネルギーの解放，重力ポテンシャル内からの物質・ニュートリ

ノの放出などを通じて，爆発メカニズムにも大いに影響を与えうる．

　一般相対論の理論体系や方程式の取扱いについては，専門的な教科書を参照されたい．一般相対論における基礎方程式は，時空の曲がり具合と物質の分布・運動状態の関係を記述するアインシュタイン方程式である．球対称な星の構造を求める式は，アインシュタイン方程式において，球対称な時空のもとで物質が分布する場合について解けば方程式系が導かれる．その中で，平衡形状に関する方程式は

$$\frac{dP(r)}{dr} = -\frac{G\rho(r)M(r)}{r^2} \left(1 + \frac{P(r)}{\rho(r)c^2}\right)\left(1 + \frac{4\pi P(r)r^3}{M(r)c^2}\right)\left(1 - \frac{2GM(r)}{rc^2}\right)^{-1}$$
(4.8)

と表される．この式は Tolman-Oppenheimer-Volkoff (TOV) 方程式と呼ばれている．右辺にかかる括弧のファクターは，一般相対論的な効果を含んでいる．圧力がエネルギー（質量）の一部として加わること，長さのスケールにも歪みが生ずることにより重力ポテンシャルを強めることに寄与している．非相対論的な場合には，$2GM/rc^2 \ll 1$，$P \ll \rho c^2$ とすると，4.1 節において導いた圧力と重力のバランスを表す式 (4.3) と一致する．

　質量を持った天体が運動している場合には，時空の歪みが変化し，その歪みが波として伝播する．この歪みは，光の速さで遠方にも到達して，ごくわずかな長さの伸び縮みとして観測される．一般相対論においてアインシュタイン方程式から導出される，時空を伝わる波動は重力波と呼ばれる．例えば，中性子星やブラックホールが連星を成して互いに周回運動をしている場合には重力波が放出される．重力波エネルギーの放出により回転運動エネルギーと角運動量が失われて，やがて 2 つの星が合体する天体現象が予想される．こうした連星の合体現象に伴う重力波については研究が盛んに行われており，精緻な波形の理論予測がなされている．世界各地では重力波を検出するための観測施設が動き出しており，重力波が観測されるのを待ち構えていた．そして 2015 年，ついに重力波が観測[3] されて，重力波により宇宙を探る重力波天文学のはじまりを迎えた．連星中性子星合体からの重力波も観測されており，観測例が増えていけば，重力波の検出から中性子星の性質（状態方程式など）を探る道筋が確立

---

[3] 2015 年 9 月 14 日，アメリカの観測施設 LIGO により，ブラックホール合体に伴う重力波が検出された [9]．重力波の検出は 2017 年のノーベル物理学賞の対象となった．

されるであろう [4].

4.3 高密度における化学平衡

中性子星内部の物質（以下，中性子星物質）には，中性子だけでなく陽子や電子も存在している．中性子星物質は，正味電荷ゼロの荷電中性の条件と，中性子・陽子・電子の間で反応がバランスした化学平衡の条件を満たした，ベータ平衡と呼ばれる状態にある．実際には中性子星内部において中性子と陽子を変換する弱い相互作用による反応（5.3 節）が頻繁に進むことにより平衡条件が達成されている．

3 種の粒子の混合物質のエネルギー密度は，式 (3.12) による核物質のエネルギー密度 $\mathcal{E}_{\mathrm{Nucl}}(n_B, Y_p) = E(n_B, Y_p)n_B + m_p c^2 n_p + m_n c^2 n_n$ と式 (3.6) による電子のエネルギー密度との和により，全エネルギー密度 $\mathcal{E}_{\mathrm{total}} = \mathcal{E}_{\mathrm{Nucl}}(n_B, Y_p) + \mathcal{E}_e(n_e)$ を求めればよい．ここには粒子の静止質量による寄与も含めてある．このとき，荷電中性の条件

$$n_p = n_e \tag{4.9}$$

と，化学平衡の条件

$$\mu_n = \mu_p + \mu_e \tag{4.10}$$

を課して，陽子の混在度 Y_p を決める必要がある．ここで化学ポテンシャルは

$$\mu_i = \frac{\partial \mathcal{E}_{\mathrm{total}}}{\partial n_i} = \frac{\partial(\mathcal{E}_{\mathrm{total}}/n_B)}{\partial Y_i} \tag{4.11}$$

で求められる．Y_i は粒子混在度 $Y_i = n_i/n_B$ である．このとき，3 つのフェルミ粒子は化学ポテンシャルの値（フェルミエネルギー面）まで状態を占めて縮退した状態にある（図 4.2 左）．

ベータ平衡の条件は，3 種混合によりエネルギーが一番低くなる条件に一致している．つまり，中性子だけのガスを考えるとフェルミエネルギーが高くなっ

---

[4] 日本では，KAGRA 重力波望遠鏡が観測を行う予定である．超新星爆発の場合については 8.2 節．詳しくは，本シリーズ 17 巻『重力波物理の最前線』などを参照されたい．

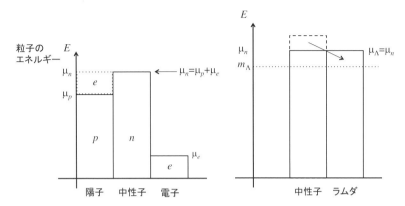

図 4.2 中性子星物質において縮退した各粒子のエネルギー準位と占有状態．各粒子は化学ポテンシャル（フェルミ面）までのエネルギー準位を占めている．（左）ベータ平衡では中性子と陽子＋電子の化学ポテンシャルが一致している．（右）中性子の化学ポテンシャルがラムダ粒子の質量を超えるとラムダ粒子の自由度も含めたベータ平衡となり（中性子だけの場合よりも）全体のエネルギーを下げる．

てしまうので，陽子を混ぜることによりエネルギーを下げようとしている．しかし，陽子を混ぜると荷電中性にするため電子を増やすことになるので，電子のフェルミエネルギーが上がってしまう．この両者のバランスをとったところで最適な陽子の混在度 Y_p が実現されている．高密度の核物質においては，核力によるエネルギーも重要となる．

　核物質から中性子星物質への繋がりを核子多体理論による状態方程式の例で見てみよう．異なる 3 つの状態方程式における対称核物質と中性子物質のエネルギー関数を図 4.3 に示した．3 つの状態方程式のうち，相対論的核子多体理論による計算結果 (RB) は非相対論的核子多体理論 (UU, UT は用いた核子相互作用が異なる) よりも高密度でのエネルギー増加傾向が強く，固い状態方程式になっている．また高密度での対称エネルギーにおいて，RB は増加傾向が強く，UU ではわずかに増加，UT では減少する振舞いを示している．これらの核物質のエネルギー（$E(n_B, Y_p = 0.5)$ と $E(n_B, Y_p = 0.0)$）を用いた場合に，中性子星物質の状態方程式を求めた結果が図 4.4 である．中性子星物質に含まれる陽子の割合は小さくおおむね $Y_p = 0.1$ 未満である．つまり中性子星物質の振舞い

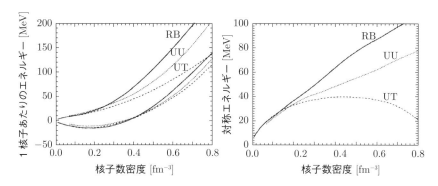

図 4.3 核子多体理論による状態方程式の例．相対論的核子多体論 (RB)，非相対論的核子多体理論 (UU, UT) による対称核物質と中性子物質のエネルギー（左）と対称エネルギー（右）を密度の関数として示した．UU と UT は用いた核子相互作用が異なる [10]．

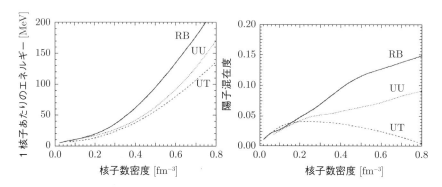

図 4.4 核子多体理論による中性子星物質の状態方程式の例．図 4.3 に対応する．中性子星物質のエネルギー（左）と陽子混在度（右）を密度の関数として示した [10]．

は大まかには中性子物質が決めているといってもよい[5]．実際に，中性子星物質のエネルギー関数は中性子物質のものに近くなっている．また，状態方程式の固さの違いについても，中性子物質における固さの順番が保たれている．図 4.4（右）において核物質密度より高い密度では陽子混在度の振舞いが異なることに注意したい．対称エネルギーの増加傾向が強い場合には，陽子の割合を増やすことによりエネルギーを下げている．ここでは電子のフェルミエネルギー

---

[5] もちろん，この Y_p における非対称核物質を求めるのが最終目標である．

よりも核力によるエネルギーの方が重要である．対称エネルギーの高密度での
振舞いを決めることは，中性子星内部の組成を決めることに繋がっている．対
称エネルギーが大きく陽子混在度が大きい場合には中性子星の冷却過程に影響
を及ぼす可能性もある（4.5 節）．

　中性子星内部で密度が高くなると，陽子・中性子・電子以外の粒子が出現する
可能性がある．フェルミ粒子の密度が高くなるとフェルミエネルギーが高くな
るので，異なるフェルミ粒子を導入してフェルミエネルギーを低くするメカニズ
ムが働く．例えば，中性子星物質において電子の密度が高くなり電子の化学ポ
テンシャル μ_e がミューオン（レプトンの一種で電子の兄弟分，質量 $m_\mu = 105$
MeV）の質量を超えると，電子とミューオンを互いに変換する反応が起きて，
ミューオンが出現して縮退を始める．この結果，中性子星物質は，ミューオン
を含めた 4 種類の粒子の混合物質となり，荷電中性 ($n_p = n_e + n_\mu$) と化学平衡
($\mu_n = \mu_p + \mu_e$, $\mu_e = \mu_\mu$) の条件を満たした状態となる．

　同様に，高密度で中性子の化学ポテンシャルがほかの（変換可能な）粒子の
質量を超えると，その新たな粒子とともにベータ平衡状態に達する．すぐに出
現することが予想されるのは，比較的質量が近いハイペロン粒子（ストレンジ
クォークを含むバリオン，ラムダ粒子やシグマ粒子など，質量が中性子より約
200 MeV 大きい）である．電荷ゼロあるいはマイナスの場合は特に出現しやす
い．例えば図 4.2（右）のように，ラムダ粒子については $\mu_n > m_\Lambda$ となれば出
現する．中性子の自由度のみでフェルミ面が高くなる（破線）よりも，ラムダ粒
子を含めて平均的なフェルミ面が低くなる方（実線）がよい．ただし，出現す
るか否かは，高密度における化学ポテンシャルと有効質量の振舞いによって異
なる．核物質中における多体効果によって，中性子に斥力が生じてエネルギー
が上がり，ラムダ粒子に引力が生じてエネルギーや有効質量が下がるとこの条
件は緩和される．ハイペロン粒子を含む混合比の理論予測は多体理論を解いて
得る状態方程式のモデルによって大きく異なる．ハイペロン粒子を含む原子核
（ハイパー核）の構造・反応の理論と実験から，その情報を引き出すことは現在
のホットな研究テーマである．同様のメカニズムで超高密度において π, K 中
間子の凝縮，あるいはクォーク相への相転移なども考えられる．

4.4 中性子星の内部構造と組成

様々な粒子やエキゾチックな相の出現可能性を探るためには，密度がどれだけ高いのかを定量的に知る必要がある．例えば，ハイペロン粒子を含む高密度物質の性質を求めたら，得られた状態方程式を用いて TOV 方程式 (4.8) を解いて中性子星を構成し，実際に観測データと照らし合わせてハイペロン混合が実現しているかを検証する．具体的には，中心密度を決めると星の構造が決まり，密度分布 $\rho(r)$ も求まるので，内部の密度範囲においてどのような組成になっているかがわかる．さらに，様々な中心密度の場合について TOV 方程式を解くと，質量の異なる中性子星の構造が系統的に求まる．観測により中性子星の質量がわかれば，内部構造と組成を探ることができる．

図 4.5 には核子多体理論による 3 つの状態方程式（図 4.4 の RB, UU, UT）を用いて得られる中性子星の系列を示した．様々な質量を持つ中性子星の系列のうち，極大値となっている点は最大質量・最高密度の中性子星に対応している．最大質量より大きな質量の高密度天体が見つかれば，それはブラックホールである．さらに中心密度が高い天体があったとしても，重力的に不安定であり，

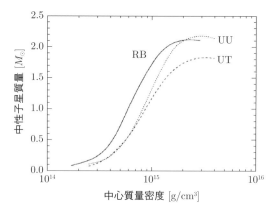

図 4.5 核子多体理論により得られる状態方程式に基づいた中性子星系列の例．記号 (RB, UU, UT) は図 4.4 の 3 つの状態方程式に対応する．中性子星の重力質量を中心質量密度の関数として示した [10]．

すぐにブラックホールへと崩壊してしまう[6]．この最大質量および最大中心密度は，状態方程式によって大きく異なるため，状態方程式を特徴づけるうえで重要な値である．状態方程式が固い場合 (RB) には，最大質量が大きく，対応する中心密度が低くなっている．逆に，状態方程式が柔らかい場合 (UT) には，最大質量は小さくなり，中心密度は高くなる[7]．このため，中性子星の最大質量が大きい・小さい（中心密度が低い・高い）の違いで状態方程式の固さ・柔らかさの目安とすることも多い．理論的に得られる中性子星の最大質量は，観測されている中性子星の質量よりも大きくなければいけないので，状態方程式の強い制限となる．この点については次の節で詳しく取り扱う．

典型的な中性子星の内部構造を見ていこう．図 4.5 の系列のうち，太陽質量の 1.4, 1.6 倍の重力質量を持つ中性子星の構造（RB の場合）を図 4.6 に示した．1.4 倍の例（右）では，中心密度は 7.7×10^{14} g/cm^3 であり，核物質密度の約 2 倍に達している．密度分布は中心付近でなだらかで，急激に下がっているところが表面であり，中性子星の半径は 12 km であることがわかる．実際の半径は表面付近の物質の性質などの要因に依存するが，大まかな傾向として，状態

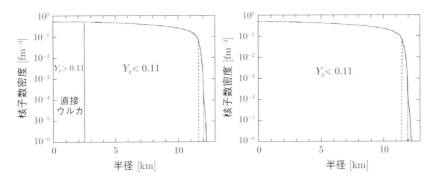

図 4.6　核子多体理論 (RB) による中性子星物質の状態方程式を用いた場合の内部構造の例．図 4.5 の中で太陽質量の 1.6 倍（左），1.4 倍（右）の重力質量を持つ中性子星の密度分布を半径の関数として示した．縦の線は内部構造の境目を示す [10]．

---

[6] 図 4.5 の中性子星系列の極値点を越えた中心密度で星の構造を作ることはできるが，摂動に対して不安定な形状となる．このため線は最高密度を超えたあたりで止めてある．

[7] UU では最大質量が大きく，なおかつ中心密度も高くなっている．低密度では比較的柔らかく，高密度で固くなる性質を持っているためである．

64　第 4 章　高密度天体の内部構造

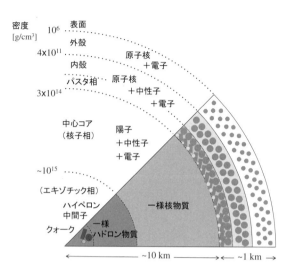

図 4.7　中性子星の構造．内部組成と存在形態の概要を示した（[11] をもとに作成）．

方程式が固い場合に中心密度が低くなれば半径は大きく，柔らかい場合には半径が小さくなる．観測による中性子星半径の情報も状態方程式の制限に関わる（次節）．

中性子星の内部構造について，表面から中心に向かってその様子を詳しく見ていこう．各密度では，ベータ平衡の条件に従って物質の組成が決まっている．図 4.7 のように表面から中心に向かって，表面，外殻 (outer crust)，内殻 (inner crust)，パスタ相，中心コア（核子相・エキゾチック相）である．図 4.6 の中性子星内部構造例では，外殻・内殻・中心コアの境目を点線と破線で示してある．表面から外殻にかけての組成はよくわかっているが，中心に向けて密度が高くなると組成の不定性が大きくなっていく．

表面や外殻における組成は，原子核および電子ガスである．温度は十分に低い状態で，クーロン力による互いの反発があるため，一番エネルギーが低くなるように，一定間隔をおいて格子状に原子核が配置されている．密度 $\sim 10^6$ g/cm^3 までの表面での主な核種は，鉄などの安定な原子核[8]であり，原子核質量の既存

---

[8] ただし，静的な中性子星の場合．物質の降着や磁場の影響などについては [12] を参照のこと．

4.4 中性子星の内部構造と組成   65

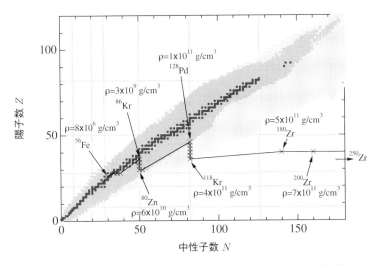

図 4.8 核図表上における中性子星の外殻・内殻に出現する原子核．表面の鉄からスタートして，外殻では中性子過剰な原子核としてドリップ線へ至り，内殻では中性子ガスをまとった巨大原子核となる（小浦寛之氏提供および [12] のデータをもとに作成）．

実験データから決定されている．密度 $\sim 10^6$ g/cm^3 から密度 $\sim 4 \times 10^{11}$ g/cm^3 までを外殻と呼ぶ．図 4.8 には中性子星の外殻から内殻までに現れる核種を核図表上に示した．表面から内部へ向かって順に見ていくと，はじめは安定線上の鉄からスタートして，徐々に重い原子核になるとともに安定線から離れて中性子過剰な領域へ向かっている．中性子の魔法数 50, 82 に沿って進んだ後，やがて中性子ドリップ線に至る．ここが通常の原子核としての存在の終点であり，外殻の最内部である．ここから先は内殻に入り，さらに重く中性子過剰な原子核となり，核図表上を右へ進んでいく．中性子星の外殻・内殻での組成を決定するには，原子核質量モデルが必要であり，出現する核種は質量データに依存して異なるので，中性子過剰な領域での実験データが欠かせない．現状では密度 $\sim 10^{11}$ g/cm^3 付近で実験データのある原子核領域の限界に達しており，ここから先は原子核や中性子ガスの理論的な予測計算が必要不可欠である．

原子核組成の決め方は，陽子・中性子・電子のベータ平衡のメカニズムと同様である．密度が高くなると，電子のフェルミエネルギーが大きくなるため，陽

子・中性子の割合が変化していく．電子のフェルミエネルギーを下げるためには，（荷電中性条件により）陽子の割合を減らせばよい．このため，原子核内の陽子を中性子に変換した中性子過剰な原子核が現れるようになる．2章で述べたように，陽子・中性子のバランスが悪いと不安定であり，通常であればベータ崩壊をするが，電子が縮退している状況では，ベータ崩壊で放出される電子の行き先がパウリの排他律によりブロックされるため，安定線から外れた中性子過剰な原子核が存在している．このことは中性子星の外殻・内殻で原子核の質量数が大きくなることにも関係している．原子核の質量公式において，質量数を大きくすれば体積項により安定となるが，陽子数が増えるとクーロン項により不安定となる．通常の安定な原子核では，対称エネルギー項のため陽子を減らし中性子を増やすには限界がある．しかし，中性子星内部ではベータ平衡の条件により，電子のフェルミエネルギーを減らすため中性子を増やすことが可能となっており，巨大な原子核の出現に繋がっている．

　さらに高い密度では，陽子の割合がさらに小さくなり，非常に中性子過剰な状況になる．このため，中性子過剰原子核の中に中性子を加えることはできなくなり，原子核の外側に中性子がしみ出した状態になる．この状態になる密度が外殻と内殻の境目であり，中性子ドリップ密度と呼ばれる．この密度 4×10^{11} g/cm^3 から核物質密度 3×10^{14} g/cm^3 の 1/2 程度までを内殻と呼ぶ．ここでの組成は原子核・中性子ガス・電子の組合せとなる．図 4.9 のように薄い中性子ガスが分布する海の中に，格子状に原子核が配置されている．周りの中性子ガスの密度が高くなると原子核の内部と外部の区別がなくなってしまうため，外側の中性子分布も含めて原子核と見なすこともできる．密度 10^{13} g/cm^3 付近では，質量数が 500 – 1500 という巨大な原子核も存在することができる．

　内殻と中心コアの境（密度 $\sim 10^{14}$ g/cm^3，つまり核物質密度の 1/3 程度）では，巨大な原子核の形は球状ではなくなり，様々な形が現れると考えられている．図 4.10 のように棒状（スパゲッティ），板状（ラザニア），棒孔状（アンチ・スパゲッティ）球形孔状（スイスチーズ），などが次々と現れるので，この領域はパスタ相と呼ばれている．通常の原子核質量公式における表面項・クーロン項の評価では球形を仮定していたが，中性子星の巨大な原子核では球形以外の形をとった方がエネルギーが低くなっているためである．パスタ相の存在領域

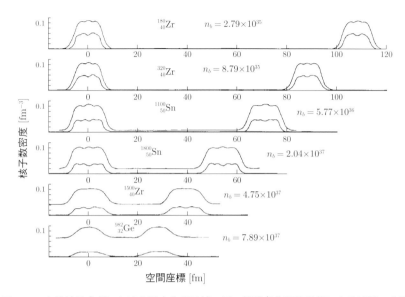

図 4.9 中性子星内殻における巨大な原子核の例.核子多体理論計算による核子の空間分布を示してある.上から下へ向かって密度 (n_b [cm^{-3}]) が高くなっていくにつれて,格子間隔が狭くなるとともに中性子ガスの領域が顕著となり原子核の質量数も大きくなっている [13].

や安定形状は,状態方程式(原子核の対称エネルギーなど)によって異なるため,ここでも不安定核の実験データが重要となっている.

核物質密度よりも高い密度では一様な物質分布となり,中心コアを構成している.4.3 節で扱ったように,陽子・中性子・電子がベータ平衡状態で存在している.陽子・中性子の組成比は,対称エネルギーの密度依存性により異なり,高密度で対称エネルギーが大きい場合には,陽子混在度が大きくなる.その値がある閾値を超える場合 ($Y_p > 0.11$[9]) には中性子星の冷却過程に影響を及ぼす可能性もある.例えば,図 4.6 において,太陽質量の 1.6 倍の中性子星(左)では内部の陽子混在度が 0.11 より大きい領域があるが [10],1.4 倍の中性子星(右)

---

[9] 荷電中性のもと陽子・中性子・電子が縮退している環境において,運動量保存則を満たして反応が許される条件から導かれる(4.5 節および 5.5 節).
[10] 4.5 節で見るように,この領域ではニュートリノ反応過程が効率よく進んで中性子星の冷却が速くなる.

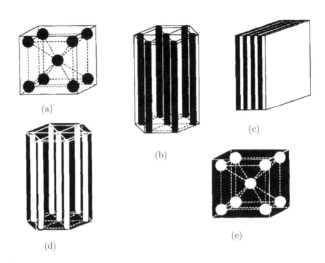

図 4.10 中性子星内殻の最内部に現れるパスタ形状の原子核. 密度が上がるにつれて (a) 球形 (b) 棒状 (c) 板状 (d) 棒状の孔 (e) 球形の孔が現れる [14].

では陽子混在度はそれほど大きくなっておらず，ベータ平衡の組成に違いが生じている.

核物質密度の 2–3 倍と密度が高くなると，フェルミエネルギーの増加により，ハイペロン粒子の出現や中間子が凝縮する可能性がある (4.3 節). 図 4.11 は，ハイペロンを含む中性子星物質の状態方程式による中性子星の構造計算の例である. 左図において，核子自由度のみ (n+p) の場合に比べて，ハイペロン粒子を含む (n+p+H) 場合は最大質量が小さくなっている ($g_H = 0$ はハイペロン粒子を自由粒子として導入した場合). 線が枝分かれするところがハイペロン粒子が現れ始めるところである. このように，新粒子が出現すると状態方程式が柔らかくなり重力に対抗して支えることができる最大質量も小さくなる. これは，新粒子の出現でエネルギーが下がり密度に対して圧力の増加が十分でなくなるためである. 右図はハイペロンが出現する場合 (n+p+H) において最大質量を持つ中性子星の内部における組成を示した. 表面から内部に入っていくと，Λ, Σ 粒子が次々と現れている. これら新粒子の出現を精密に予測するには，ハイペロンや中間子が媒質中でどのような性質になるのか，核子およびハドロン粒子を統一的に扱う多体理論および実験データが必要である.

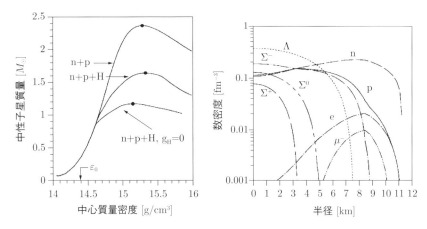

図 4.11 ハイペロン粒子の出現を考慮した中性子星の構造の例．（左）中性子星の中心質量密度と重力質量，（右）最大質量の中性子星におけるハイペロン粒子を含む粒子数密度分布 [15]．

　超高密度では，ハドロン内に閉じ込められていたクォークが解放される．ハドロン・クォーク相転移の可能性がある．ハドロン内のクォーク閉じ込めメカニズムおよび高密度における相転移を，クォークの従う法則である量子色力学により扱うことは長年の課題である．これらの核子以外の粒子・相の出現状態を総称してエキゾチック相と呼ぶことがある．エキゾチック相が出現する密度を決定することは原子核・ハドロン物理学との共通課題でもある．エキゾチック相での物質の存在形態は様々な可能性（非一様相，凝縮，カラー超伝導など）が提案されており，超高密度での物性研究として最先端の研究テーマである．中性子星が宇宙の極限状態実験室と呼ばれる所以である．理論的な予測研究とともに中性子星の観測からエキゾチック相の存在が可能なのか，どういう相が出現しているのかを探ることができるのか，原子核・ハドロン・中性子星を結び付けた多角的な研究が行われている．

4.5　中性子星の観測データと理論モデル

　理論的に中性子星の構造を計算することはできるが，天体観測からはどのよ

うな情報が得られているのか，紹介するとともに核物理の不定性との関連を見ていこう[11]．電荷を持たない核子である中性子が発見されて間もなく，中性子が集まってできた天体が存在しうるという考えが提案されて，構造の計算もなされた．また超新星において中性子星が誕生することも提案された．対応する天体は長い間見つからなかったが，周期的な電波信号を発するパルサーが見つかり[12]，その正体が中性子星であると同定されることとなった．

パルサーは電波・X線などの電磁波を周期的なパルスとして発する天体である．その周期は 1.4 ms から 12 s 程度の範囲と短く[13] 安定しており，10桁以上の精度を持つ正確なパルス信号である．このように正確な信号を発するためには，対応天体のサイズは光が横切るのに 1 ms かかる距離 (300 km) よりは小さいことが予想される．安定した短い周期を作る源としては高速で回転する天体が考えられる．回転する天体（質量 M，半径 R の剛体球）の表面の速度を v とすると，表面の物質（質量 m）の運動は，運動方程式

$$m\frac{v^2}{R} = \frac{GmM}{R^2} \tag{4.12}$$

を満たしている．ここで

$$v = \sqrt{\frac{GM}{R}} \tag{4.13}$$

で決まる速度が最大（ケプラー速度）であり，これより速くなると表面の物質は星にとどまることができなくなる．このとき回転周期 P は，

$$P = 2\pi\sqrt{\frac{R^3}{GM}} = \sqrt{\frac{3\pi}{G\rho}} = 1.2 \text{ ms} \left(\frac{10^{14} \text{ g/cm}^3}{\rho}\right)^{\frac{1}{2}} \tag{4.14}$$

となる．ここで ρ は平均密度である．したがって，周期 1 ms で回転する天体の平均密度は核物質密度程度である．このことから，パルサーは中性子星であると考えられる[14]．もしも周期 0.1 ms の高速回転パルサーが発見されれば核

[11) 原子核実験・天体観測データは次々と新しいものが得られている．最新の状況は論文などで確認されたい．
12) 宇宙からやってくる謎の電波信号として観測され，一時は宇宙人からの信号であると騒がれた．のちに 1974 年ノーベル物理学賞へ繋がった．
13) 連星からの物質の降着を伴う中性子星では周期が 10 s から 10^3 s 以上のものもある．
14) ほかにコンパクトな天体として知られる白色矮星の中心密度は最高 10^8 g/cm^3 程度であり，周期は最小でも 1 s 程度である．

4.5 中性子星の観測データと理論モデル **71**

物質密度の 30 倍の超高密度が達成されていることになる [15]. これまでに 2500 例以上のパルサーが見つかっており [16], 様々な特性を持った中性子星が我々の銀河に分布している.

中性子星の質量は, ほかの星と互いに公転運動して連星を成している場合に測定されている. 特に, 電波パルサーと中性子星が連星となっている場合には質量が精度よく決められている. 例えば, 初めて見つかった連星パルサーである, Hulse-Taylor 連星パルサー [17] と呼ばれる連星系では, 2 つの天体の質量が $1.4398 \pm 0.002 M_\odot$ と $1.3886 \pm 0.002 M_\odot$ と決定されている. このため, 中性子星の代表的な質量として $1.4 M_\odot$ がしばしば用いられてきた. 実際に, 連星中性子星における中性子星の質量は $1.35 M_\odot$ 付近に集中している (図 4.12 下).

この値は, 超新星爆発を起こす大質量星の鉄コアの質量に近く, 縮退電子ガスにより支えられる限界質量 (チャンドラセカール質量:後述) に対応している. 状態方程式への制限としては, 少なくとも $1.4 M_\odot$ の中性子星を支えることが大前提である. 仮に, 3.1 節で扱った理想気体としての中性子ガスにより中性子星の構造を計算すると最大質量は $0.7 M_\odot$ となる. このことから, 高密度では中性子同士に斥力相互作用が働いており, 中性子星を支えるうえで核力が本質的な役割を果たしていることがわかる.

現在までに観測されている中性子星質量の分布は, より大きく広がっており, 状態方程式への制限はさらに厳しくなっている [18]. $1.5 M_\odot$ 以上の質量の中性子星も多くあり, 中には $1.2 M_\odot$ と軽いものから $2.0 M_\odot$ と重いものまで見つかっている. また X 線で観測される連星系に含まれる中性子星では, 不定性は大きいものの $2.4 M_\odot$ と非常に重い例 [19] もある. また, X 線連星, 電波パルサーと

---

[15] 過去に発見を指摘した報告はあるが, 現在までに疑いなく確認された天体は今のところない.

[16] これまでに観測されたパルサーのデータは, 例えば [16] によって構築されたパルサーカタログ http://www.atnf.csiro.au/research/pulsar/psrcat/ に天体名ごとの位置・パルス周期などの観測パラメータがデータベースとしてまとめられている.

[17] 重力波の放出によりエネルギーが失われて公転周期が短くなる理論予測が, 長年にわたる精密観測と一致しており, 1993 年ノーベル物理学賞となっている.

[18] X 線パルサーなどを含む最新の中性子星質量データ編纂については, 例えば [18], http://stellarcollapse.org/nsmasses の図を参照のこと.

[19] 中には black widow (クロゴケグモ) や redback (セアカゴケグモ) というあだ名を付けられた中性子星もある. 連星の相手 (伴星) からの降着が激しく伴星がなくなってしまう勢いであるため.

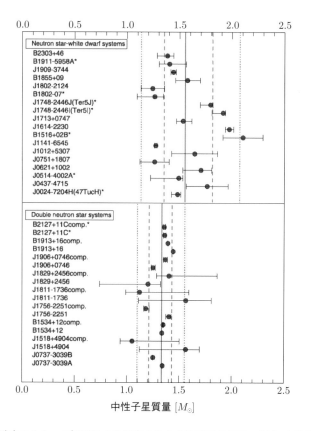

図 4.12 電波パルサーの観測により測定された中性子星の質量.（上）白色矮星との連星,（下）中性子星同士の連星.縦線は質量分布モデルによるピーク値と幅 [17].

中性子星の連星,電波パルサーと白色矮星の連星の場合についての質量分布の解析では,分布の中心値・幅が異なっている[20].これらの分布は,連星における伴星からの質量降着の履歴など,中性子星誕生から現在までの進化の違いを反映していると考えられる.例えば,質量の大きい中性子星は質量降着により質量を増やす過程を考えればよい.しかし,質量の小さい中性子星は超新星爆発で作るには軽すぎる場合もある.超新星により誕生した中性子星がどのような進化経路をたどり様々な質量を持つ分布に至ったのかは,回転周期・磁場の

---

[20] 図 4.12 においても連星の相手が白色矮星か中性子星かによってピーク値や幅が異なっており,前者の方がピーク値は大きい.

進化とも関係があり興味深い研究テーマである.

観測による中性子星質量の中でも，最大値が状態方程式への厳しい制限となる（図 4.13）．中でも最近の 2 つの観測例 ($1.97 \pm 0.04 M_\odot$ [19], $2.01 \pm 0.04 M_\odot$ [21]) は，顕著な一般相対論効果の検出や伴星の詳しい情報により，誤差の小さい質量データとして重要な意味を持つようになった．これらの観測例により，少なくとも質量 $2M_\odot$ の中性子星を支えることが状態方程式の条件となった．このため，($1.4M_\odot$ を支えることができた) 多くの柔らかい状態方程式（図 4.13 中の PAL6, FSU, MS1）は棄却されて，固い状態方程式が支持されることとなった．また，ハイペロンや K 中間子などの新粒子が出現する状態方程式についても，多くの場合は核子自由度の状態方程式よりも柔らかいため，強い制限を受けることとなった．例えば，図 4.11 中の n+p+H や図 4.13 中の GM3（ハイペロン粒子を含む中性子星物質の状態方程式）は棄却される．$2M_\odot$ の中性子星を支えるという条件のため，ハイペロンを含む中性子星物質の状態方程式では相互作用に特別な制限が課せられている．クォーク物質から成る状態方程式の場

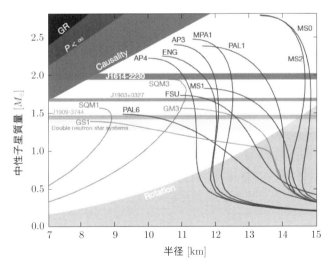

図 4.13　中性子星の質量観測データ（水平の帯）と理論的な中性子星モデルの質量と半径の関係 [19]．英数字の記号は状態方程式を求めた理論や相互作用の違いを表す [20]．左上および右下のハッチ部分は，それぞれ理論的な制限（一般相対論や因果律など）および回転する中性子星のデータにより制限される領域．

合（図 4.13 中の SQM1, SQM3）は半径と質量の間の関係が中性子星の場合とは異なる．クォーク物質は（重力がなくても）自己束縛する性質を持っており，表面から中心までほぼ一定の密度の構造を持ち，$M \sim R^3$ の関係を持つためである．2 つのうち，単純なストレンジクォーク物質の場合 (SQM1) は棄却されるが，さらにクォーク間について相互作用を考慮した場合 (SQM3) は限界ぎりぎりであり，クォーク物質の存在形態にも厳しい制限が課せられている．

　観測により中性子星の質量とともに半径を決定すれば，状態方程式に厳しい制限を付けることが可能となる．しかし，上述のように質量が精密に測られている中性子星で同時に半径が測定されている例は稀である[21]．また，半径の測定がなされた場合であっても直接的な方法で決定することは難しく，現在までに確定的な値は得られていない．基本的な原理としては，観測により輻射流束（フラックス）F_∞ を測定して，別途決定した天体までの距離 D を用いると，表面から出る放射光度 L_∞ は

$$L_\infty = 4\pi D^2\, F_\infty \tag{4.15}$$

で求まる．さらに，黒体輻射スペクトル分布から温度 T_∞ がわかれば

$$L_\infty = 4\pi R_\infty^2\, \sigma_{\mathrm{SB}} T_\infty^4 \tag{4.16}$$

により半径 R_∞ を導くことができる．σ_{SB} はシュテファン–ボルツマン定数である．ただし，観測している温度 T_∞ は一般相対論の効果により赤方偏移を受けており，中性子星（質量 M と半径 R）の表面での温度 T は

$$T_\infty = T\sqrt{1 - \frac{2GM}{Rc^2}} \tag{4.17}$$

で関係づけられている．このとき，半径 R は

$$R_\infty = R \left/ \sqrt{1 - \frac{2GM}{Rc^2}} \right. \tag{4.18}$$

---

[21] 連星中性子星の合体による重力波の観測からも中性子星の質量・半径についての制限が得られる．2017 年 8 月 17 日に観測された例をはじめとして，今後も多くの情報が得られるだろう．

のように（測定できていない）質量 M に依存した形で決定することになる．多くの場合に中性子星までの距離 D の決定は簡単ではなく距離の不定性は大きい．また，表面の大気組成や磁場・放射メカニズム（黒体輻射とは限らない）・光度曲線（時間変動）などのモデル依存性があり，解析する方法による違いが大きいのが現状である．距離が近い孤立（isolated）中性子星の光学・X 線放射の観測 (中性子星 RX J1856-3754，距離 120 pc がわかっている一例 [22]）では 11 – 13 km が得られている．X 線連星において降着が収まった静かな時期（quiescent）の中性子星や，降着により一時的に明るくなる中性子星（X 線バースター）の X 線放射観測等により得た半径の値は，天体およびいくつかのグループにより異なり，9 km と小さいものから 14 km を超える大きなものまで存在している [22, 23]．図 4.14 には，最近の観測例から $1.4M_\odot$ の中性子星に対する半径のリストを示した．これらは異なる天体・手法・解析によるものなので一律に比較はできないが，今のところ状態方程式を強く制限できる状況にはない．基本的に小さな（大きな）半径の中性子星は，柔らかい（固い）状態方程式を支持するが，半径（および対応する質量）の値のばらつきが大きく，測定値および解釈をめぐって論争が続く状態になっている．また，クォーク物質の場合は図 4.13 中の SQM1，SQM3 のように半径が非常に小さい場合がありうるので，観測により極端に小さな半径の天体が見つかれば，中性子星ではなくクォーク星である可能性がでてくる．今後の X 線観測の計画では，多くの天体を系統的にサーベイすることや，精密な測定手法による中性子星の半径導出が行われることが期待されている．

中性子星内部を探る手立ての一つとして，中性子星が冷却する過程の観測により物質組成に制限を付ける方法がある．X 線観測により中性子星の表面温度を決定し，パルサーの回転周期の減衰から年齢を推定する [23]．超新星残骸として年齢が決定される場合もある．この観測データと理論計算による冷却曲線との比較により，内部組成および冷却過程に制限を付けることができる．中性子星の表面温度の推移を求めるには，内部構造をもとに中性子星の熱容量と熱移

---

[22] これを含めた観測例としては the magnificent seven（荒野の七人，あるいは七人の侍）と呼ばれる 7 つの孤立中性子星が知られている．

[23] 孤立した中性子星の熱的放射の観測情報は，例えば `http://neutronstarcooling.info` に蓄積されている．

第4章 高密度天体の内部構造

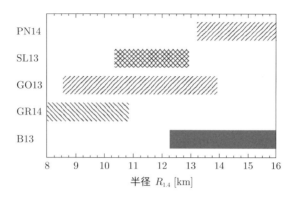

図 **4.14** 中性子星半径の観測データ値の範囲．英数字の記号は著者と年号を表す [22]．GO13, SL13, PN14: X線バースト現象，SL13, GR14: 静かな X 線放射，B13: 電波パルサーの X 線観測により導出された半径データのうち，$1.4 M_\odot$ の中性子星に対する値の範囲．

動（伝導・加熱・冷却）のバランスを扱う熱的進化計算を行う．中性子星内部の各時刻・場所での密度・温度におけるニュートリノ・光子反応率から全冷却率を理論的に求めることが重要な鍵となる．図 4.15 には，中性子星の温度・光度の時間変化の理論曲線と観測データを示した．光度と温度は式 (4.16) により結びついている[24]．図 4.15 における四角枠と矢印は中性子星の観測による光度である．中性子星表面の熱的放射が観測できている例（四角枠）は，ほとんどが 10^4 年より古い年齢の場合であり，比較的若いと考えられる超新星残骸での観測例では放射光度の上限（矢印）だけが得られている．図の線および帯は理論計算による中性子星の温度・光度の変化である．誕生から 10^4 年程度までの年齢では主にニュートリノ放出により冷却し，その後は光子放出により冷却する．理論による冷却曲線が観測データをすべて説明できればよいが，それほど単純ではない．

高密度におけるニュートリノ放出過程には中性子星物質の状態方程式に付随した不定性がある．特に組成の違いにより反応率が大きく異なるニュートリノ反応過程が起こりうる．例えば，陽子の割合が小さい場合には，運動量・エネ

---

[24] 温度が 10^6 K 程度であればエネルギーに換算して 10^{-4} MeV ほどであり，温度効果はフェルミ縮退エネルギーに比べて十分小さい．このことから中性子星における高密度物質の計算では温度をゼロとして扱ってもよいことがわかる．

4.5 中性子星の観測データと理論モデル

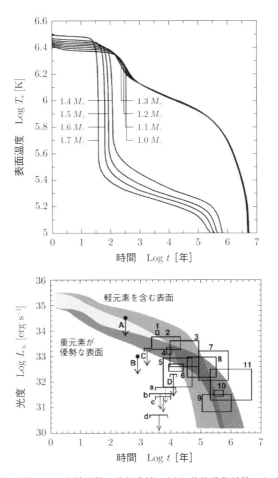

図 4.15 観測と理論による中性子星の冷却曲線．(上) 熱的進化計算による中性子星の表面温度の時間発展．質量が大きな中性子星では高密度で速い冷却過程が進み，早い段階で温度が低くなっている [24]．(下) 観測による光度データ：熱的放射の観測による場合は四角枠，光度の上限だけの場合は矢印．帯状のカーブは理論による冷却曲線の予測範囲．表面組成の違いとペアリング等の不定性の範囲を示している [25]．

ギー保存則を満たしたまま核子単体でニュートリノ反応を起こすことはできず，modified Urca (モディファイド・ウルカ) 反応 (5.5 節) と呼ばれるニュートリノ放出過程によりゆっくりと冷却が進む．しかし，陽子の割合が 11–15% を超え

る場合には direct Urca（直接ウルカ）反応 [25] と呼ばれる過程が進み冷却が速くなる．図 4.15（上）では，中性子星質量の違いにより冷却速度が異なる例を示した．この中性子星冷却計算では対称エネルギーが密度の関数として単調増加する状態方程式が用いられている．質量が大きい中性子星 ($M \geq 1.4M_\odot$) では，内部密度が高いため対称エネルギーの効果により陽子の割合が大きくなり直接ウルカ反応が起こり冷却が速くなっている．一方，質量が小さい場合 ($M < 1.4M_\odot$) には，密度が低いため陽子の割合が小さく直接ウルカ反応が起こらず冷却が遅くなっている．実際に図 4.6 に示した 2 つの中性子星モデルは，このような違いを生み出す例になっていた [26]．こうした組成の違いによる冷却への影響を捉えることができれば，原子核の対称エネルギーの大きさへの制限にもなりうる．また，同様のメカニズムで高密度において核子の代わりにハイペロンやクォークが存在する場合にも中性子星の冷却が速くなるので，エキゾチック相を探ることも考えられる．

　一方，冷却を妨げる機構も存在する．一部の領域では中性子・陽子が対を組んで超流体・超伝導になっている状態も予想されている．原子核の内部と同様に，核子同士はペアを作り安定化（ペアリング）しているためニュートリノ反応が抑制される．ペアを壊すのに必要なエネルギー（ギャップエネルギー）より温度が低くなると，急激に冷却が遅くなる．このペアリングの効果も考慮した理論計算による冷却の様子が図 4.15（下）に示してある．この理論計算は，基本的なニュートリノ過程（すべて遅い冷却過程）を含めた最小限の冷却 (minimal cooling) シナリオに基づいており，直接ウルカ反応やクォークなどによる速い冷却過程は含まれていない．図 4.15（下）でグレイの帯状になっているのは不定性を考慮した理論計算による冷却曲線の予測範囲である．表面組成の違い [27] に

---

[25] このようなニュートリノ過程により星のエネルギーが急速に失われてしまうことを，リオ・デ・ジャネイロの Urca（ウルカ）カジノでお金があっという間になくなってしまうことに例えて命名されたという．

[26] 図 4.3（右）と図 4.4（右）で見たように状態方程式 RB では対称エネルギーと陽子混在度が単調増加している．状態方程式 UT のように高密度で減少する場合には，内部構造や冷却の振舞いは異なる．

[27] 光球を含む表面大気の組成において，重元素が優勢である場合（濃いグレイ）と軽元素を多く含む場合（薄いグレイ）の 2 つの帯が示してあり，その中間である場合はさらに薄いグレイになっている．

4.5 中性子星の観測データと理論モデル 79

よる 2 通りが 2 本の帯になっている，帯の幅は主にペアリング効果の不定性[28]
によるものであり，中性子星質量の違いも含んでいる．この帯に入っていない
観測点の天体については，（minimal cooling シナリオに含まれていない）何ら
かの特別な冷却・加熱過程が働いている可能性がある．非常に温度が低い中性
子星においては直接ウルカ反応のような速い冷却過程が起きていることを示唆
している．

　このほか，パルサーの回転周期の経年変化中に起こる周期の急激な変動（グ
リッチ），中性子星に降り積もる物質が一時的に核燃焼を起こす現象（X 線バー
スト），X 線連星において回転運動を反映する準周期的な信号放射（QPO）な
ど，中性子星の様々な現象をもとに内部・クラスト・表面の組成や状態を探る
研究が行われている．また，中性子星は強い磁場を持っているものが多く，中
でも非常に磁場が強いマグネターと呼ばれる中性子星の一群では，超強磁場に
おける物性という興味ある状況を生み出しており，中性子星は強磁場状態の実
験室としても研究対象となっている．

　連星中性子星は重力波放出により軌道エネルギー・角運動量を失い，最後に
は両者の合体に至る．状態方程式は中性子星の質量・半径や振動などの性質を
決めており，合体する際に放出される重力波のパターンに違いをもたらすので，
重力波観測により中性子星物質の状態方程式について制限を課すことができる．
重力波の解析から，合体の直前に中性子星同士が接近した段階でお互いの重力
場（潮汐力を及ぼす）によって中性子星が歪む度合い（潮汐変形率と呼ばれる）
を引き出すことは状態方程式の固さについての制限情報につながっている．ま
た，合体後の中心天体からの重力波を調べることで，残された大質量天体が中
性子星かブラックホールのどちらであるかを判別することができれば，状態方
程式が支える最大質量への新たな制限にもなる．2017 年 8 月に観測された連星
中性子星の合体では，重力波の検出に加えて，それに付随する様々な電磁波の
放射が観測され，中性子星（および元素合成）に関する多くの知見をもたらし
た．今後も観測例が増えるにつれて，連星中性子星からの重力波および電磁波

---

28) ペアを作る際のギャップエネルギーは密度にも依存しており，どの密度・温度領域で
　起きるかは定まっていない．また，バラバラの核子からペアが作られ始める際には急
　速に冷却反応が進む効果も持っており，ペアリングは中性子星冷却の加速や減速に大
　きな影響を与えている．

の観測データは重要な情報をもたらすことだろう.

中性子星は,超新星爆発ののちに残された天体である.その証拠は現在観測されている超新星残骸の中心にパルサーが存在することにより示されている.このように超新星から生まれる中性子星であるが,超新星爆発の数値シミュレーションから誕生する中性子星の質量や回転の分布などはいまだ詳しくはわかっていない.また,中性子星は高速 (平均 ~ 400 km/s) で移動しているものが多いため,超新星爆発において中性子星が親星の重心からはじき飛ばされる現象 (パルサーキックと呼ばれている) も議論されている.様々な親星からの超新星爆発において,どのような爆発過程を経て中性子星 (あるいはブラックホール) が誕生するのか,その全容を明らかにするためには爆発メカニズムを確定する必要がある.

第5章 ニュートリノと物質の相互作用

　　中性子星・超新星において進化やダイナミクスの鍵を握っているのは，ニュートリノと物質の間で起きる反応過程である．両者の相互作用は日常のスケールでは非常に弱いものだが，天体現象における高密度環境では重要なものとなる．ニュートリノ・物質の反応を担う弱い相互作用は原子核崩壊を引き起こす源である．中性子・陽子の間の変換は原子核の核種を変えることに繋がり，不安定な原子核がベータ崩壊を起こして安定な原子核へ転換されていく．中性子星においては，中性子・陽子の混在度を決めるメカニズムとして働いており，この変換反応を通じて安定な状態に落ち着いている．超新星においては，親星の鉄コアから中性子星に至る陽子を中性子に変換する道筋を決めている．

　　超新星の爆発メカニズムにおいては，ニュートリノ・物質相互作用はエネルギーを溜め込み運ぶ役割を担っており，これが爆発現象の原因といってもよい．重力崩壊によるエネルギーを持ち去るのはニュートリノであり，その一部を爆発エネルギーとして用いている．ニュートリノを介して物質とエネルギーをやりとりする収支が爆発するか否かの運命を分けている，と言っても過言ではない．ここで関与する過程は，ニュートリノと物質の間での散乱・吸収・放出反応である．これらの過程の役割を理解することが超新星の爆発メカニズムを理解するうえで役立つだろう．親星の重力崩壊から超新星爆発へ至る道筋における各々の反応過程の役割を見ていこう．

5.1　弱い相互作用とニュートリノ

　　自然界に存在する安定な原子核に比べて陽子・中性子過剰な原子核はベータ

82　第 5 章　ニュートリノと物質の相互作用

崩壊を起こしてさらに安定な原子核へと移行する．このとき，ベータ線と同時に放出されるのがニュートリノである．2 章の核図表（図 2.3）における原子核の例を見てみよう．炭素同位体において陽子過剰な ^{11}C（半減期 20 分）は

$$^{11}\text{C} \longrightarrow {}^{11}\text{B} + e^+ + \nu_e \tag{5.1}$$

により，陽電子とニュートリノを放出して安定な ^{11}B となる．中性子過剰な炭素の同位体 ^{14}C（半減期 5.7×10^3 年）は

$$^{14}\text{C} \longrightarrow {}^{14}\text{N} + e^- + \bar{\nu}_e \tag{5.2}$$

により，電子と反ニュートリノを放出して安定な ^{14}N となる．こうした原子核のベータ崩壊は弱い相互作用により起こり，核内の陽子・中性子間の変換の際には電子とニュートリノが対になって関与している．ベータ崩壊に関与するニュートリノは電子の仲間として分類して電子型ニュートリノと呼び，電子とともに電子型レプトンとして分類する．

　ベータ崩壊以外にも，弱い相互作用による崩壊現象が起きる．例えば，核力を担うパイ中間子は

$$\pi^- \longrightarrow \mu^- + \bar{\nu}_\mu \tag{5.3}$$

により，電子の兄弟分であるミュー粒子と付随するミュー型反ニュートリノへ崩壊する．さらにミュー粒子は

$$\mu^- \longrightarrow e^- + \bar{\nu}_e + \nu_\mu \tag{5.4}$$

により，電子と電子型反ニュートリノ，ミュー型ニュートリノへと崩壊する．これらの粒子は（大気で生成されて）地上に降り注ぐ宇宙線の成分として一般的である[1]．ミュー粒子・ミュー型ニュートリノは第 2 世代のミュー型レプトンとして分類する．また，電子・陽電子衝突などの高エネルギー素粒子実験に

---

[1] こうした過程で生成される大気ニュートリノにおける電子型とミュー型の比率をスーパーカミオカンデ観測施設において精密測定してニュートリノ振動が起きている（ニュートリノ質量がゼロではない）のを明らかにしたことが 2015 年のノーベル物理学賞の対象となった．

より発見された第3世代のタウ型レプトン（タウ粒子 τ, タウ型ニュートリノ ν_τ）もあり，素粒子の分類においてクォークとともにレプトンが3世代の階層を成している.

上記の崩壊現象を含め，すべての反応においては，電荷保存則と世代ごとのレプトン数保存則が成り立っている．電子型レプトン数は，電子や電子型ニュートリノでは +1, 反粒子である陽電子や電子型反ニュートリノでは −1（ミュー型，タウ型についても同様）である．超新星においては3世代のニュートリノ，反ニュートリノの六種類（$\nu_e, \bar{\nu}_e, \nu_\mu, \bar{\nu}_\mu, \nu_\tau, \bar{\nu}_\tau$）すべてが関与しており，それぞれの種類が爆発ダイナミクスにおいて役割を果たしている[2]．超新星の中心部分において，ニュートリノが閉じ込められる（5.4 節）と電子と電子型ニュートリノの総数である電子型レプトン数（$Y_L = Y_{e^-} - Y_{e^+} + Y_{\nu_e} - Y_{\bar{\nu}_e}$）が保存されるため，電子数の割合 Y_e の代わりにレプトン数の割合 Y_L が物質を特徴づける指標として用いられる.

5.2 中性子のベータ崩壊

原子核を構成する核子のうち，中性子は単体では安定ではなく半減期10分で弱い相互作用による反応

$$\mathrm{n} \longrightarrow e^- + \bar{\nu}_e + \mathrm{p} \tag{5.5}$$

により，陽子へと崩壊する．この反応の簡単な計算をもとに，ニュートリノと物質の相互作用の特性を見てみよう[3]．後で見るように中性子星や超新星に現れるレプトンのエネルギーは 1–100 MeV 程度であり，弱い相互作用において力を媒介する中間子（$W^\pm, Z^0$）の質量（80–90 GeV）よりも十分に小さいため，反応率の計算において低エネルギー近似を用いてよい．また核子の質量（∼ 1 GeV）の方が十分に大きいため，核子は非相対論的に扱ってよい．弱い相互作

---

[2] ミュー粒子・タウ粒子は質量が大きいため，電子型ニュートリノが縮退している状況の超新星中心部では現れにくい．中性子星においては，電子の縮退が高くなればミュー粒子が出現する場合がある.

[3] ここでの導出は Shapiro and Teukolsky [26] 11.4 章, 18.4 章の定式化に基づいており，固武慶・鈴木英之氏によるレクチャーノートの導出を参考にした.

用の低エネルギー極限は，フェルミ相互作用と呼ばれる 4 粒子の接触相互作用でよく記述される．相互作用を表すハミルトニアンは

$$H_{fi} = G_F \int \Psi_f^* \Psi_i d\mathcal{V} \tag{5.6}$$

で表される．ここで G_F は相互作用の強さを表す定数であり，

$$\frac{G_F}{(\hbar c)^3} = 1.17 \times 10^{-5} \text{ GeV}^{-2} \sim \frac{10^{-5}}{m_N^2} \tag{5.7}$$

である．時間依存のシュレーディンガー方程式において，相互作用を摂動として扱う場合，単位時間あたりの初期状態から終状態への遷移確率は，フェルミの黄金律により

$$d\Gamma = \frac{2\pi}{\hbar} |H_{fi}|^2 dV_p \delta(\varepsilon_f - \varepsilon_i) \tag{5.8}$$

から求められる．ここで dV_p は位相空間（運動量空間など）における状態数である．H_{fi} において，中性子崩壊の場合の波動関数は

$$\Psi_f^* \Psi_i = \Psi_p^* \Psi_e^* \Psi_{\bar{\nu}_e}^* \Psi_n \tag{5.9}$$

である．単位体積において規格化してあるものとする．電子・反ニュートリノの波動関数を平面波で近似して，さらに波長が長い場合の展開をして初項のみを残して $\Psi_e^* \Psi_{\bar{\nu}_e}^* \sim 1$ とする（許容遷移型と呼ぶ）と，

$$H_{fi}^F \sim G_F \int \Psi_p^* \Psi_n d\mathcal{V} \tag{5.10}$$

となり，相互作用は核子の波動関数の重なり（行列要素）で決まる．この過程はフェルミ遷移と呼ばれ，核子のスピン変化を伴わない場合に対応する．また，スピン変化を伴う場合の過程（ガモフ・テラー遷移）も寄与しており，

$$H_{fi}^{GT} \sim G_F \int \Psi_p^* \sigma \Psi_n d\mathcal{V} \tag{5.11}$$

のようにスピン演算子を挟んだ形をとる．これらの寄与を足し上げると，相互作用部分は

$$|H_{fi}|^2 = G_F^2 (C_V^2 M_V^2 + 3C_A^2 M_A^2) \tag{5.12}$$

となり，重なり積分で決まる行列要素 M_V, M_A により決まる [4]．つまり，遷移確率における相互作用部分は定数となっており，遷移確率のエネルギー依存性は位相空間による部分により決まる．位相空間は終状態の電子・反ニュートリノの運動量空間について

$$dV_p = \frac{4\pi p_{\bar{\nu}_e}^2 dp_{\bar{\nu}_e}}{(2\pi\hbar)^3} \cdot \frac{4\pi p_e^2 dp_e}{(2\pi\hbar)^3} \tag{5.13}$$

であり，デルタ関数によるエネルギー保存 $\delta(\varepsilon_{\bar{\nu}_e} + \varepsilon_e + m_p - m_n)$ とともに積分すればよい（Shapiro and Teukolsky [26] 11 章を参照のこと）．

次節で扱う超新星での陽子の電子捕獲反応（式 5.23）を例にして位相空間部分について見てみよう．相互作用の扱いは

$$\Psi_f^* \Psi_i = \Psi_n^* \Psi_{\bar{\nu}_e}^* \Psi_p \Psi_e \sim \Psi_n^* \Psi_p \tag{5.14}$$

と近似して同様に扱い，相互作用部分 $|H_{fi}|^2$ は式 (5.12) と同じ定数となる．位相空間部分は，

$$dV_p = (1 - f_{\nu_e}) \frac{4\pi p_{\nu_e}^2 dp_{\nu_e}}{(2\pi\hbar)^3} \cdot f_e \frac{4\pi p_e^2 dp_e}{(2\pi\hbar)^3} \tag{5.15}$$

である．f_e, f_{ν_e} は電子，ニュートリノのフェルミ・ディラック分布であり，$(1 - f_{\nu_e})$ はニュートリノ終状態が占有されている場合はブロックされる効果を表す．ここではニュートリノは自由に放出される場合を考えると $f_{\nu_e} \sim 0$ であり，高密度で，電子が縮退しているとフェルミ面までは $f_e = 1$，それ以外は 0 である．さらに，電子が相対論的であるとして，電子質量を無視すると $\varepsilon_e \sim cp_e$ としてよい．また，中性子・陽子の質量差 $Q_{np} = (m_n - m_p)c^2$ も無視する．エネルギー保存は $\delta(\varepsilon_\nu - \varepsilon_e)$ により表されるので，ニュートリノ・電子の運動量（エネルギー）について積分すると，反応率は

$$\Gamma = \iint d\Gamma = \frac{2\pi}{\hbar}|H_{fi}|^2 \int_0^{\mu_e} \frac{4\pi\varepsilon_e^2}{(2\pi\hbar c)^3} \cdot \frac{4\pi\varepsilon_e^2 d\varepsilon_e}{(2\pi\hbar c)^3} \tag{5.16}$$

となる．積分範囲は 0（$Q_{np} \sim 0$）から電子のフェルミエネルギー（化学ポテン

---

[4] C_V, C_A は，強い相互作用による補正であり，$|C_V| \sim 1$, $|C_A/C_V| \equiv a = 1.25$ である．第 2 項のファクター 3 はスピン変化 1 を伴う 3 重項による統計因子からきている．また，中性子崩壊の場合は，近似的に $M_V \sim M_A \sim 1$ である．

シャル μ_e) までである．被積分関数のうち，2 番目の因子は電子の位相空間であるので，エネルギーの 2 乗の重みを掛けて，電子の状態数を積分したものになっている．つまりエネルギー ε_e である電子の初期状態に対して電子捕獲反応の断面積は，

$$\sigma_{e-\mathrm{cap}}\, c = \int d\Gamma = \frac{2\pi}{\hbar}|H_{fi}|^2 \frac{4\pi\varepsilon_e^2}{(2\pi\hbar c)^3} \tag{5.17}$$

のように電子エネルギーの 2 乗に比例する形になっている．式 (5.16) の積分を実行すると

$$\Gamma = \frac{2\pi}{\hbar}\frac{G_F^2(C_V^2 + 3C_A^2)}{(2\pi^2\hbar^3 c^3)^2}\frac{1}{5}\mu_e^5 \tag{5.18}$$

となる．ここで電子の化学ポテンシャル μ_e は次節の式 (5.19) から求まる．反応率の化学ポテンシャルへの依存性（ベキ乗）は，反応断面積のエネルギー依存性から 2 乗，電子の密度から 3 乗（式 5.19）が掛かることから 5 乗となっている．このように，中性子星・超新星で現れる低エネルギーでの弱い相互作用による反応率は電子あるいはニュートリノのエネルギーのベキ乗に比例するものが多い．次節で見るように，ニュートリノ反応がエネルギー依存性を持っていることが，超新星内部で起こる反応過程を複雑にしており，このため数値シミュレーションが大規模なものとなっている．

5.3　陽子・原子核の電子捕獲反応

　超新星爆発のスタートは親星の重力崩壊から始まる．その引き金の一つとなるのは，原子核の電子捕獲反応である．親星の中心にある鉄コアには，鉄原子核とともに荷電中性となるように電子も多く存在している．中心付近の物質密度は十分に高い ($\gtrsim 10^9$ g/cm^3) ため，電子は相対論的であり，縮退したフェルミ粒子ガスの状態にある．この相対論的電子ガスの縮退圧が鉄コアを支えている源である．質量密度 ρ，電子数密度比 Y_e のとき，核子密度は $n_B = \rho/m_u$（m_u は原子質量単位），電子数密度 $n_e = Y_e n_B$ であり，電子の化学ポテンシャル μ_e は式 (3.5) により，

$$\mu_e = \left(3\pi^2 n_e\right)^{\frac{1}{3}}\hbar c \tag{5.19}$$

で決まる．典型的な値としては，$\rho = 10^9$ g/cm^3，$Y_e = Z/A = 0.46$（^{56}Fe 原子核中の陽子数の割合）とすると

$$\mu_e = 3.9 \text{ MeV} \left(\frac{\rho}{10^9 \text{ g/cm}^3} \frac{Y_e}{0.46} \right)^{\frac{1}{3}} \tag{5.20}$$

であり，密度が上がると増加する．^{56}Fe は安定な原子核であるが，電子のフェルミエネルギーが増加して原子核の質量差（$\Delta M c^2 = (M_{\text{Mn}} - M_{\text{Fe}})c^2 = 3.7$ MeV）を超えるようになると，原子核が電子を捕獲する反応

$$e^- + {}^{56}\text{Fe} \longrightarrow \nu_e + {}^{56}\text{Mn} \tag{5.21}$$

が起きるようになる．この反応により電子数が減少するため，鉄コアを支える源であった電子縮退圧が減少することとなり，重力崩壊が始まる[5]．この電子捕獲反応により原子核はさらに中性子過剰になるが，重力崩壊が進むにつれて密度が高くなり，電子のエネルギーが大きくなり質量差 $Q = [M(A, Z-1) - M(A, Z)]c^2$ を超えて $\varepsilon_e > Q$ となれば，原子核 (A, Z) から原子核 (A, Z–1) への反応

$$e^- + (\text{A, Z}) \longrightarrow \nu_e + (\text{A, Z–1}) \tag{5.22}$$

が次々と起きる．また，原子核に束縛されていない陽子（自由陽子）も電子捕獲反応

$$e^- + \text{p} \longrightarrow \nu_e + \text{n} \tag{5.23}$$

に寄与する．これらの電子捕獲反応は，ニュートリノ発生源であるとともに，陽子を中性子へ変換する中性子化に寄与しており，親星から中性子星へと向かう全体の方向を決めている．この後は主に鉄コアの変動を扱い，この部分を超新星コアと呼ぶことが多い．

4.3 節で述べたように，中性子星における陽子と中性子の混合割合はベータ平衡の条件により決まる．このとき，中性子星内部では電子捕獲反応（式 5.23）および中性子崩壊（式 5.5）のように陽子・中性子の間で互いに変換を行う反応の組[6]が頻繁に起こっており，組成比が安定に保たれる．超新星内部において

---

[5] 7.1 節で述べるように，鉄の光分解反応も進み重力崩壊の原因となる．
[6] この反応は中性子星内で陽子の割合が多いときのみに起きる（5.5 節）．

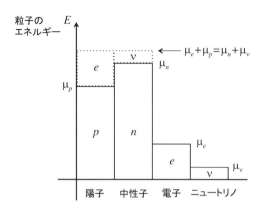

図 5.1 超新星中心部の物質における各粒子のエネルギー準位と占有状態．各粒子は温度と化学ポテンシャルで決まるフェルミ分布に従って準位を占めている．化学ポテンシャルは陽子＋電子と中性子＋ニュートリノの間でつり合っており，ニュートリノを含めたベータ平衡の状態になっている．

も，重力崩壊が進んで密度・温度が高くなると，例えば，中性子による陽電子吸収反応

$$e^+ + n \longrightarrow \bar{\nu}_e + p \tag{5.24}$$

が起きて，陽子と中性子の組成バランスが保たれるようになる．次節で述べるように，高密度ではニュートリノが閉じ込められるので（式 5.23, 5.24）の逆方向の反応（式 5.33, 5.34）も起きるようになり，超新星の内部においてもベータ平衡の条件が満たされる（図 5.1）．この場合，陽子・中性子・電子に加えてニュートリノを含めた間での化学平衡

$$\mu_n + \mu_{\nu_e} = \mu_p + \mu_e \tag{5.25}$$

が達成されている．

これらの反応は，星の進化・ダイナミクスと比して，どの程度の速さで進んでいるのだろうか．例として，高密度中での電子捕獲反応の時間スケールを見てみよう．式 (5.17) により，エネルギー ε_e の電子について電子捕獲反応 1 回あたりの時間 $T_{e-\mathrm{cap}}$ は

$$T_{e-\mathrm{cap}} = \frac{1}{\sigma_{e-\mathrm{cap}}\, c\, n_p} \sim 7.4\times 10^{-2}\mathrm{s}\cdot\left(\frac{\rho}{10^9\,\mathrm{g/cm}}\right)^{-\frac{5}{3}}\left(\frac{Y_e}{0.46}\right)^{-\frac{2}{3}} X_p^{-1} \tag{5.26}$$

である [26, 27]. ここで, X_p は自由陽子の割合（質量数比）であり，縮退した相対論的な電子について，平均エネルギーを μ_e 程度[7]として見積もった. 重力崩壊後の超新星コア中心部（$\rho = 3 \times 10^{14}$ g/cm^3, $Y_e = X_p = 0.3$）においては，反応時間は 2×10^{-10} s 程度であり，超新星ダイナミクスの時間スケール（ms から s）に比べると十分に短いことがわかる.

一方，超新星の重力崩壊途中の段階では弱い相互作用は十分に速いとはいえない. 密度が 10^{12} g/cm^3 のころ（$Y_e = 0.4$, $X_p = 10^{-4}$）において，反応時間は 8×10^{-3} s であり，流体ダイナミクスと同じか長い程度である（5.4 節も参照のこと）. このため，非平衡状態として流体ダイナミクスとともに反応が進み，陽子から中性子への片方向の変換が優勢となっている. 高密度になりニュートリノが閉じ込められると，ニュートリノを含むベータ平衡状態に達する. 中性子星内部における弱い相互作用の時間スケールも進化の時間（〜 100 – 1000 年）に比べて十分に短く，逆方向の反応も同程度の短い時間スケールで進むので，弱い相互作用を介したベータ平衡が達成されている.

5.4 原子核によるニュートリノ散乱

超新星コア中心で発生したニュートリノは，重力崩壊の初期には何事もなく外へ放出されるが，中心密度が高くなると物質との反応が頻繁に起こるようになり，崩壊の途中からは自由に外へ逃げていくことができなくなる. このとき，ニュートリノの足を止めるのに寄与する主な反応は原子核（A と表記）によりニュートリノが散乱される過程

$$\nu + A \longrightarrow \nu + A \tag{5.27}$$

である[8]. エネルギー ε_ν を持つニュートリノに対する質量数 A の原子核の散

---

[7] 正確には，フェルミ縮退ガスで平均エネルギーは $\frac{3}{4}\mu_e$ であり，反応断面積におけるエネルギー 2 乗の重みを付けた平均では $\frac{5}{6}\mu_e$ である.

[8] この散乱過程のようにニュートリノの運動状態だけが変わる過程は，中性カレント反応と呼ばれる. これに対して 5.3, 5.5 節で扱う例のように，荷電粒子が関与してニュートリノ個数が変わる放出・吸収過程は，荷電カレント反応と呼ばれる.

乱断面積は

$$\sigma_{\nu A} = \frac{G_F^2 \sin^4 \theta_W}{\pi \hbar^4 c^4} A^2 \varepsilon_\nu^2 \tag{5.28}$$

である[9]．ここで電子捕獲反応で発生するニュートリノは $\varepsilon_\nu \sim 10$ MeV 程度[10]と低エネルギーであり，弾性散乱を行うとした．このとき，散乱断面積は質量数の2乗に比例するため，原子核が存在するとニュートリノ原子核散乱が顕著となる．ニュートリノエネルギーが低く，その典型的な波長は 20 fm 程度であるので，原子核内の核子を独立した粒子ではなく，全体の波動関数による集団として捉えること（コヒーレント散乱と呼ばれる）により，この質量数依存性が現れる．また，エネルギーの2乗に比例する依存性があるため，高密度で縮退によりニュートリノ平均エネルギーが上がれば，さらに散乱の頻度が高まる．

中心部で発生したニュートリノが星の外へ出て行けるかどうかを調べるには，散乱の頻度を表す平均自由行程を星のサイズと比較すればよい（図5.2）．ニュー

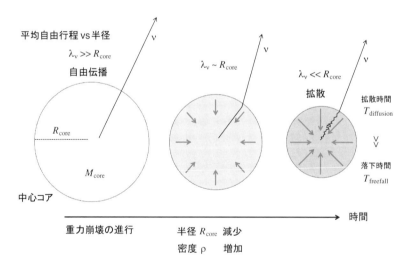

図 5.2　重力崩壊におけるニュートリノ反応による平均自由行程と星のサイズとの比較．(左) 初期は自由伝播，(中央) 密度が高くなると平均自由行程が短くなる，(右) 頻繁な散乱による拡散によりゆっくり伝播．

---

[9] Shapiro and Teukolsky [26] 18 章を参照のこと．簡単のため $Z = A/2$ とした．
[10] μ_e と同程度のエネルギーを持つ．電子の場合と同様に，エネルギー2乗の重みを付けた平均エネルギーは $\langle \varepsilon_\nu \rangle = \frac{5}{6} \mu_e$ である．

トリノ原子核散乱による平均自由行程は，原子核の数密度 $n_A = X_A n_B / A$ により

$$\lambda_\nu = \frac{1}{\sigma_{\nu A} n_A} \qquad (5.29)$$

と求められる．ここで X_A は原子核の質量組成比であり，重力崩壊中は原子核が主成分なので $X_A = 1$ である．これに対して，超新星コアの中心部（以下，中心コアと呼ぶ[11]）の半径は，一様な球により評価すると

$$R_{\mathrm{core}} = \left(\frac{3M}{4\pi\rho}\right)^{\frac{1}{3}} \qquad (5.30)$$

である．この2つを比較すると，重力崩壊の初期には平均自由行程が十分に長くニュートリノは自由伝播[12]している（図5.2左）．密度が $\rho = 3 \times 10^{10}$ g/cm^3 になると $\lambda_\nu = 1 \times 10^7$ cm，$R_{\mathrm{core}} = 3 \times 10^7$ cm となり，平均自由行程が中心コアのサイズよりも短くなる（図5.2中央）．密度が上がるにつれて，ニュートリノの平均エネルギーも上がり，中心コアから外へ出るまでに，多数回の原子核散乱を起こすようになる．散乱の頻度が十分に高くなると，ニュートリノは，物質と衝突を繰り返しながらランダムウォークにより移動する，拡散現象によってゆっくりと移流するようになる（図5.2右）．

ニュートリノが拡散により中心コアから抜け出すのにかかる時間は，

$$T_{\mathrm{diffusion}} = \frac{3R_{\mathrm{core}}^2}{c\lambda_\nu} \sim 7.3 \times 10^{-3}\mathrm{s} \cdot \left(\frac{\rho}{3 \times 10^{10}\mathrm{g/cm}}\right)\left(\frac{Y_e}{0.46}\right)^2\left(\frac{A}{56}\right) \quad (5.31)$$

である [27]．一方，重力崩壊にかかる時間は，密度 ρ の一様な球が自己重力（自由落下）でつぶれる時間の評価（6.1節）から，

$$T_{\mathrm{freefall}} = \sqrt{\frac{3}{4\pi G\rho}} \sim 6.0 \times 10^{-3}\mathrm{s} \cdot \left(\frac{\rho}{10^{11}\mathrm{g/cm}}\right)^{-\frac{1}{2}} \qquad (5.32)$$

と見積もられる．密度が高くなるにつれて，拡散の時間スケールは長くなり，自由落下の時間スケールは短くなる（図5.3）．密度が $\rho = 1 \times 10^{11}$ g/cm^3 になる

---

[11] 中心部の質量 $M \sim 1.4 M_\odot$ 程度の領域を指す．重力崩壊開始時の鉄コアにおよそ対応している．

[12] 英語では free streaming と呼ばれる．ここでは propagation の意を込めて「伝播」とする．

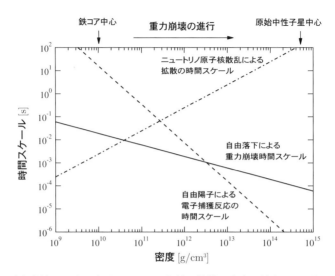

図 5.3 重力崩壊における時間スケールの比較．横軸は密度に対応しており，重力崩壊とともに増加する．自由落下による時間スケール（実線）が星がつぶれる時間の目安．自由陽子による電子捕獲反応の時間スケール（破線）とニュートリノ原子核散乱による拡散の時間スケール（一点鎖線）を比較した．

と $T_{\text{diffusion}} = 2 \times 10^{-2}$ s, $T_{\text{freefall}} = 6 \times 10^{-3}$ s となり，重力崩壊の時間の方が拡散時間よりも短くなる．これ以降，ニュートリノが脱出するよりも速く中心コアがつぶれるため，ニュートリノは物質中に捉えられたまま圧縮される．この現象はニュートリノ閉じ込めと呼ばれ，超新星メカニズムにおける重要な機構の一つである．

ニュートリノ閉じ込めにより，中心コアの物質中にニュートリノが蓄えられたまま圧縮が続いて高温高密度となる．原子核がバラバラになった後は，核子との散乱が頻繁に起こる．弱い相互作用によるほかの反応も起こり続けるのでニュートリノを含むベータ平衡が達成される．このときの物質は，ニュートリノ・電子の総量（レプトン量）で特徴づけられ，超新星物質と呼ばれる．中心密度が核物質密度以上になりコアバウンスした後には，中心に高密度天体が誕生する．この中心天体は，まだ高温でニュートリノを多く含んでおり，原始中性子星と呼ばれる．内部に閉じ込められたニュートリノは拡散現象により表面から放出されて，原始中性子星が冷えていき，通常の中性子星の状態へと向かっ

ていく．このときに放出されるニュートリノが超新星ニュートリノである．その時間スケールは拡散時間 [13) により決まり，20 秒程度である．図 1.2 で見た 1987 年の超新星ニュートリノの観測データは 10 秒程度にわたっており，その継続時間は理論的な拡散時間スケールと一致するため，ニュートリノ閉じ込めと原始中性子星形成の証拠と考えられている．

5.5 ニュートリノ吸収・放出による物質の加熱・冷却

ひとたび中心コアにニュートリノが閉じ込められると物質中で多くのニュートリノ反応が起こるようになる．散乱だけでなく物質によるニュートリノの吸収・放出過程も頻繁に起こっている．ニュートリノ伝播中の吸収・放出過程は消滅・生成による個数変化をもたらし，散乱とともに伝播に影響を与えるだけでなく，物質を加熱・冷却する働きを持っている．例えば，ニュートリノが中性子・陽子により吸収される反応

$$\nu_e + \mathrm{n} \longrightarrow e^- + \mathrm{p} \tag{5.33}$$

および

$$\bar{\nu}_e + \mathrm{p} \longrightarrow e^+ + \mathrm{n} \tag{5.34}$$

により，ニュートリノが持っているエネルギー（数 10 MeV 程度）はすべて物質へ与えられる．ここで物質とは，核子・原子核・電子・陽電子・光子から成る（流体として扱う）構成要素のことである．必ずしも統計平衡とはならないニュートリノは流体物質とは分けて記述する（6 章）．ニュートリノ吸収反応により電子あるいは陽電子が生成されると，ニュートリノエネルギーの移行により物質は加熱される．この過程を「ニュートリノ加熱」と呼ぶ．後で見るように，ニュートリノ加熱が十分であれば爆発が起きやすくなるため，加熱量の評価が極めて重要となる．

一方，電子・陽電子が核子に吸収されてニュートリノが放出される反応（式

---

13) 式 (5.29), (5.31) において，ニュートリノ核子散乱による平均自由行程を用いて評価すればよい．

第 5 章　ニュートリノと物質の相互作用

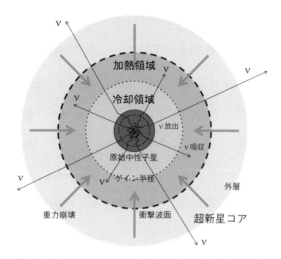

図 5.4　超新星内部におけるニュートリノ放出と吸収．外層部分の重力崩壊が続く．超新星コアの中心には誕生したばかりの原始中性子星があり，ニュートリノが閉じ込められている．原始中性子星表面付近からゲイン半径（点線）までの冷却領域ではニュートリノ放出による冷却が優勢である．ゲイン半径から衝撃波面（太い破線）付近まではニュートリノ吸収が優勢な加熱領域である [28]．

5.23, 5.24) により，物質が持つエネルギーの一部がニュートリノへ与えられる．物質側の構成要素からエネルギーを持ち出すことになるので物質にとっては冷却となる．生成されたニュートリノが，そのまま星の外へ逃げてしまうと星が冷えることになるので，この過程を「ニュートリノ冷却」と呼んでいる．こうしたニュートリノ放出は原始中性子星が冷えて中性子星になる熱的進化を駆動しており，放出されたニュートリノは超新星ニュートリノとして観測される．このとき，超新星ニュートリノの放出スペクトルなどの性質は，ニュートリノ放出反応の詳細により決まるので，どのようなニュートリノ反応が効いているのかに依存する問題である．

　超新星コアのどこでニュートリノ吸収・放出が起きているのかを見てみよう（図 5.4）．中心に誕生した原始中性子星内部にはニュートリノが閉じ込められており吸収と放出の両者が頻繁に起こっている．加熱と冷却がつり合っていれば，物質の温度は保たれる．原始中性子星の表面付近ではニュートリノが放出されており，冷却過程が優勢となっている（冷却領域）．表面から放出された

5.5　ニュートリノ吸収・放出による物質の加熱・冷却　　95

　ニュートリノの一部は，外へ向かって飛んでいく途中で吸収される．吸収過程が優勢な場所（加熱領域）では吸収により物質が加熱されて内部エネルギーが増えて圧力が高まる．加熱領域は，原始中性子星表面から離れたところ，衝撃波面の内側にあり，外へ向かう（あるいは停滞した）衝撃波を後ろから後押しして爆発を助けることに寄与する．このように，中心に溜まったニュートリノが物質の加熱へ使われることにより起こる爆発ダイナミクスを「ニュートリノ加熱による爆発メカニズム」と呼ぶ．このとき，冷却領域から大量のニュートリノが放出されて，加熱領域において効率よく吸収されることにより，長時間にわたって大量の物質が加熱されれば爆発に有利となる．この冷却・加熱量は流体ダイナミクスとニュートリノ反応を同時に追うことによって決まる．どのようなバランスになっているかを以下の大まかな評価により見ていこう．

　冷却領域でのニュートリノ放出率（冷却率）は，原始中性子星表面付近での物質の状態により決まる．ニュートリノ球（6.4 節）と呼ばれる，ニュートリノ放出が起きる領域の密度は $\sim 10^{11}$ g/cm^3，温度は 4–5 MeV 程度で，中心部とは異なり非縮退の状態にあるため，電子・陽電子・ニュートリノ・反ニュートリノが豊富に存在している．大まかな評価のため，これらを黒体輻射と近似して考えると，輻射エネルギー流束と放出反応断面積から，冷却率は単位時間・1 核子あたり

$$Q_{\nu-C} = \sigma_{\mathrm{emis}}(T_m) c \cdot a T_m^4 \sim 145 \left(\frac{T_m}{2 \text{ MeV}} \right)^6 \text{[MeV/s/N]} \tag{5.35}$$

と見積もられる [28–30]．ここで T_m は物質の温度であり，電子・陽電子の平均エネルギーと密度は温度により評価した．他方，ニュートリノ球からのニュートリノ放射が物質にあたって吸収されることによる加熱率は，放出ニュートリノの光度（単位時間あたりのエネルギー通過量）L_ν と吸収反応断面積から，

$$Q_{\nu-H} = \sigma_{\mathrm{abso}}(\varepsilon_\nu) \frac{L_\nu}{4\pi r^2} \sim 160 \cdot \frac{L_\nu}{10^{52} \text{ erg/s}} \left(\frac{10^7 \text{cm}}{r} \right)^2 \left(\frac{T_\nu}{4 \text{ MeV}} \right)^2 \text{[MeV/s/N]} \tag{5.36}$$

である [28–30]．ここで，ニュートリノ球での物質温度によりニュートリノ温度 T_ν を決めて，ニュートリノ平均エネルギーを評価した．

　冷却率・加熱率ともに半径 r の関数であるが，依存性は異なっている．図 5.5

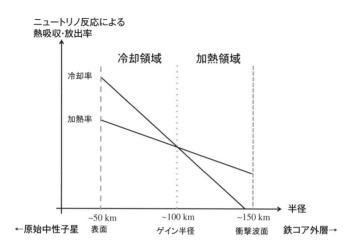

図 5.5　ニュートリノ反応による冷却・加熱率分布の模式図．半径の増加に対して冷却率の減少が急激なため，途中から加熱率が上回る．ゲイン半径の内側では冷却，外側では加熱領域となる [28].

には冷却・加熱率の分布を模式的に示した．式 (5.35) において，T_m は r の関数であり，r の増加とともに急速に減少する．式 (5.36) においては，ニュートリノ放射は r^{-2} により減少するので，原始中性子星の表面付近（ニュートリノ放射領域）では冷却，その外（衝撃波面付近まで）で加熱が優勢となる．両者がつり合う点をゲイン半径 (Gain Radius) と呼ぶ．比較のために，核子（質量 m_N）が原始中性子星（質量 M，半径 R）の表面にあるときの重力による束縛エネルギーは 1 核子あたり

$$\frac{GMm_N}{R} = 0.02 m_N \frac{M}{1.4 M_\odot} \frac{100\text{km}}{R} \sim 20 \text{ MeV/N} \tag{5.37}$$

である．単純に束縛分のエネルギーを得るだけでも少なくとも 200 ms 程度はニュートリノ加熱を続けなければならない．実際には上から降り積もる物質の圧力に打ち勝って物質を重力圏から脱出させる必要があり，さらに大きなエネルギーを要する．このように吸収・放出過程はエネルギー収支の観点から超新星メカニズムの鍵を握っている．

　ニュートリノ吸収・放出反応は陽子・中性子の組成バランスの決定にも重要な働きを持っている．原始中性子星の内部ではニュートリノ吸収反応（式 5.33,

5.34）と同時に 5.3 節で扱った電子（陽電子）捕獲反応（式 5.23, 5.24）も起きており，吸収・放出の双方向のバランスによりベータ平衡が保たれて，陽子・中性子の割合が決まっている．また，超新星ニュートリノが関与する元素合成においては，重元素組成を決める中性子の割合を左右する要因ともなる．もし 2 つの吸収反応（式 5.33, 5.34）のうち，後者が勝れば，物質を中性子化する方向となるが，両反応とも等しく起これば，陽子・中性子の割合は等しくなり[14]，中性子を大量に必要とする r プロセス重元素合成には不利となる．

　上記の核子が関与する吸収・放出反応以外にも様々な反応過程があり，超新星爆発の記述では物質の構成要素（核子・原子核・レプトン）に対してニュートリノが関与するすべての反応を取り込む必要がある．ここでは重要な例をいくつか紹介するにとどめ，数値シミュレーションに組み込む反応については改めて 6.3 節において整理する．核物質密度を超えるような領域では，周辺に存在する核子を巻き込んだ反応も起きる．陽子による電子捕獲（式 5.23）や中性子の崩壊（式 5.5）においてもう一つの核子（陽子・中性子，N と表記）が関わる反応

$$e^- + p + N \longrightarrow \nu_e + n + N \tag{5.38}$$

$$n + N \longrightarrow e^- + \bar{\nu}_e + p + N \tag{5.39}$$

が起きる．これらは 100–1000 年にわたる中性子星冷却過程において重要な反応である．中性子星では高密度物質中に含まれる陽子の割合がわずかなため，陽子による電子捕獲（式 5.23）は，エネルギー・運動量保存則を満たすことができずに禁止される．その代わりに反応（式 5.38）では核子が加わったことにより運動学的に条件が緩められて反応が進む．原子核物質の対称エネルギーが高密度で大きい場合には，中性子星においても陽子の割合が大きくなりうるため，その場合には式 (5.23) が起こり急速に冷える．しかし通常は陽子の割合が小さいため式 (5.38) によりゆっくりと冷える．このような中性子星冷却過程の違いを分類するため，陽子の割合が大きい場合の式 (5.5), (5.23) などの反応は direct Urca（直接ウルカ）過程，小さい場合の式 (5.38), (5.39) などの反応は

---

[14] 正確には，中性子の質量の方が陽子の質量よりわずかに大きいため，やや陽子過剰となる．

modified Urca（モディファイド・ウルカ）過程と呼ばれている[15]．両者の違いは，中性子星冷却（温度の経年変化）から探ることができる（図 4.15 上）．こうしたニュートリノ反応は，高密度な核物質中で起きるために媒質の効果を受けており，自由空間における反応率とは異なっている．核物質の状態方程式を導く核子多体理論と連動した反応過程の記述が必要である．

ここまでの説明では電子型ニュートリノに関する反応について述べてきたが，ミュー型，タウ型ニュートリノに関する反応も重要な役割を果たしている．電子と陽電子の衝突（対消滅）により，

$$e^- + e^+ \longrightarrow \nu_i + \bar{\nu}_i \tag{5.40}$$

のようにニュートリノ・反ニュートリノの対が生成される．ここで ν_i はすべての種類のニュートリノ（$i = e, \mu, \tau$）を表している．超新星の中心コアでは，温度が高くなると電子・陽電子対が豊富となり，対生成の反応によりすべての種類のニュートリノが大量に生成される．これは，重力エネルギーが熱エネルギーに転換され，さらにニュートリノによるエネルギーに変換されることを意味する．このうち，電子型については，その後も吸収・放出反応の影響を受けて冷却・加熱過程に寄与するが，ミュー型・タウ型については，荷電カレント反応は起きにくく，中性カレント反応だけが関与するため，ミュー型・タウ型のニュートリノ・反ニュートリノは，一旦放出されると単純にエネルギーを持ち去ることになる．また，核物質中においても対生成（Nucleon-Nucleon Bremsstrahlung と呼ばれる）が起こり，

$$N + N \longrightarrow N + N + \nu_i + \bar{\nu}_i \tag{5.41}$$

のように全種類のニュートリノが生成される．電子・陽電子の対消滅（式 5.40）は高密度で陽電子が少ないところでは起こりにくいので，代わりに核子が関与する式 (5.41) が起こりミュー型・タウ型ニュートリノ生成にも寄与する．この反応は原始中性子星の冷却，超新星ニュートリノの性質の予測において重要である．

---

[15] Urca 過程の呼称は原子核が関与するニュートリノ放出反応による星の冷却過程に対して用いられた．一般的には核子が関与するニュートリノ冷却過程なども含めて広く Urca 過程と呼ぶことが多い．

第6章 流体力学とニュートリノ輻射輸送

　超新星において，星がつぶれた後にはね返って爆発に至るまでのダイナミクスを担う基礎部分は，重力の影響下での流体力学である．超音速で自由落下する重力崩壊ののち，中心部が急停止してはね返り，衝撃波が発生する．この衝撃波が星の表面まで達すれば爆発は成功である．しかし，衝撃波は伝播途中でエネルギーを失い停滞してしまうため，何らかの手助けが必要である．そこで重要となるのは対流などの流体力学的な不安定性であり，その発達の場所とタイミングにより，爆発ダイナミクスの結末が大きく変わることとなる．こうした流体不安定性は，物質混合や熱・ニュートリノの輸送を通じて爆発メカニズム・元素合成に影響を及ぼす．また，超新星の残骸が様々な歪んだ形状をしていることにもつながる．

　一連の流体ダイナミクスにおいて，圧力の振舞いを決めるのは状態方程式，エネルギーの出入りを担うのはニュートリノである．3章で見た状態方程式の振舞いが役に立つ．5章で述べたとおり，ニュートリノと物質の相互作用により，反応ごとにエネルギーとレプトン数のやりとりがあり，組成が変化するとともに物質は加熱・冷却される．これらの過程すべてを流体力学の方程式に組み込みダイナミクスを追うのである．ニュートリノの振舞いを追うためには，頻繁に反応・散乱する中心領域から，真っ直ぐに飛んでいる外部領域まで記述しなくてはならない．これを記述するのがニュートリノ輻射輸送方程式である．粒子分布に対するボルツマン方程式を解くための様々な工夫がある．2つを組み合わせたニュートリノ輻射流体力学は大規模計算におけるグランドチャレンジ問題である．超新星爆発は，流体の多次元的な振舞いとニュートリノ輻射輸送による冷却・加熱の組合せにより起こると考えられる．本章では，その各々の要素について見ていこう．

100 第 6 章 流体力学とニュートリノ輻射輸送

6.1 流体力学と状態方程式

　星の構造から流体ダイナミクスへの繋がりを 4.1 節で扱った静水圧平衡形状
の式を拡張することから見ていこう．球対称の星において，質量保存とつり
合いの式 (4.2), (4.3) に代わって，半径 r から $r + dr$ までの流体素片の質量
$dM = 4\pi r^2 \rho dr$ に対して，質量保存則は質量の流出・流入 $4\pi r^2 \rho v$ により

$$\frac{\partial \rho}{\partial t} = -\frac{1}{r^2}\frac{\partial}{\partial r}(r^2 \rho v) \tag{6.1}$$

であり，運動方程式は，

$$\rho\frac{dv}{dt} = -\frac{\partial P}{\partial r} - \frac{GM\rho}{r^2} = -\frac{\partial P}{\partial r} - \rho\frac{\partial \Phi}{\partial r} \tag{6.2}$$

である．ここで Φ は重力ポテンシャルである[1]．また，流体を記述する物理量
はすべて r と t の関数である．これらの方程式を解く際には，星の構造計算の
際と同様に，圧力についての情報を与える状態方程式が必要である．圧力を求
めるためには物質の状態を指定する密度のほか，温度・組成も必要であり，エ
ネルギー保存則などの方程式も連立させる．

　ここで星における流体現象の時間スケールについて見ておこう．まず，式 (6.2)
において，圧力が無視できて重力の影響で運動する場合（自由落下）を考える．
次元解析をするため，密度 ρ 一定の典型的な星の大きさを R，変動時間を T と
して物理量の依存性を見ると

$$\rho\frac{R}{T^2} \sim \frac{GM\rho}{R^2} \tag{6.3}$$

であるので，

$$T_{\text{freefall}} \sim \sqrt{\frac{R^3}{GM}} \sim \sqrt{\frac{3}{4\pi G\rho}} \tag{6.4}$$

となり，式 (5.32) が導かれる．一方，重力よりも圧力勾配が優勢な場合は，

$$\rho\frac{R}{T^2} \sim \frac{P}{R} \tag{6.5}$$

---

[1] 例えば，球対称で質量 M の中心天体における外部での解は $\Phi = -GM/r$ である．

であり，

$$T_{\text{sound}} \sim \frac{R}{\sqrt{P/\rho}} \sim \frac{R}{c_s} \tag{6.6}$$

となる．これは音速 c_s で星の大きさを横切るのにかかる時間（sound crossing time）である．流体物質の音速は状態方程式から，断熱変化における圧力勾配

$$c_s = \sqrt{\left(\frac{\partial p}{\partial \rho}\right)_S} \tag{6.7}$$

により求められる．状態方程式が $P = C\rho^\gamma$ と表される場合の音速は $c_s = \sqrt{\gamma P/\rho}$ である．超新星コアや中性子星の中心などで静水圧平衡に近い場合には，T_{freefall} と T_{sound} の両者は同程度となっている．音速は，密度 10^{14} g/cm^3 を超えると光速の 10% 以上にも達するので，半径 10 km の星における流体力学の時間スケールは 0.3 ms 程度である．

次に，3 次元空間における流体の振舞いを決定するため，質量・運動量・エネルギー保存則について見ていこう．質量分布 $\rho(\vec{r}, t)$ について，質量の保存則から

$$\frac{\partial \rho}{\partial t} + \nabla \cdot (\rho \vec{v}) = 0 \tag{6.8}$$

である．球対称の場合は，式 (6.1) となる．ここで，座標系のとり方に注意しなければならない．式 (6.8) は，Euler の方法と呼ばれており，各時刻 t で点 $\vec{r}$ における密度分布および速度場を記述する式になっている．これに対して，流れる物質に沿って動く座標系で密度変化を記述する方法は Lagrange の方法と呼ばれており，時間微分は，流体素片が空間内を移動する変化を含めて，

$$\frac{d}{dt} = \frac{\partial}{\partial t} + \vec{v} \cdot \nabla \tag{6.9}$$

のように表される [2]．これにより

$$\frac{d\rho}{dt} + \rho \nabla \cdot \vec{v} = 0 \tag{6.10}$$

と書き換えることができる．流体力学の方程式を扱う際には Euler, Lagrange

---

[2] 左辺の微分演算子を普通の時間微分と区別するため $\frac{D}{Dt}$ と書くことがある．

の方法による区別があり，数値シミュレーションにおいても 2 つの違いに留意しなければならない．

運動方程式は，

$$\rho \left(\frac{\partial \vec{v}}{\partial t} + (\vec{v} \cdot \nabla) v \right) = -\nabla p - \rho \nabla \Phi \tag{6.11}$$

と表される．これは Euler の運動方程式と呼ばれる．右辺は圧力勾配と重力を表す．左辺は Lagrange 的に $\rho \frac{d\vec{v}}{dt}$ と表すこともできる．質量保存則（式 6.8）に対応する，運動量の保存則に沿った形に変形すると

$$\frac{\partial}{\partial t}(\rho \vec{v}) + \nabla \cdot \Pi = -\rho \nabla \Phi \tag{6.12}$$

のようになる．ここで運動量流束テンソル $\Pi_{ij} = v_i v_j + p \delta_{ij}$ を用いた．重力ポテンシャルは密度分布のもとでポアソン方程式

$$\Delta \Phi = 4\pi G \rho \tag{6.13}$$

から決定される．

エネルギーの保存則は，運動方程式と質量保存則，熱力学の関係式を組み合わせて

$$\frac{\partial}{\partial t}\left\{ \rho \left(\frac{1}{2}v^2 + e_{\mathrm{int}} \right) \right\} + \nabla \cdot \left\{ \rho \vec{v} \left(\frac{1}{2}v^2 + h \right) \right\} = -\rho \vec{v} \cdot \nabla \Phi + Q_\nu \tag{6.14}$$

と表される．ここで e_{int}, h はそれぞれ単位質量あたりの内部エネルギー，エンタルピー ($h = e_{\mathrm{int}} + p/\rho$) である．また Q_ν は，ニュートリノ反応で起こる加熱・冷却を表している．ニュートリノ反応が起こると，電子数比も変動するので，

$$\frac{dY_e}{dt} = \Lambda_\nu \tag{6.15}$$

のように，ニュートリノ反応による電子の増減を表す反応率 Λ_ν を組み込む．

ここまでをまとめると，流体力学を解くための方程式系として式 (6.8), (6.12), (6.14), (6.15) の組を用いて，流体力学変数（密度・速度・内部エネルギー・電子数比）の時間発展を求めればよい．さらに，状態方程式により密度，内部エネルギー[3]，電子数比の関数として得られる圧力の値 $p(\rho, e_{\mathrm{int}}, Y_e)$ を用いる．ま

---

[3] 内部エネルギーの代わりに，温度，エントロピーで指定する場合もある．

た，加熱・冷却率 Q_ν，反応率 Λ_ν を ρ, e_{int}, Y_e の関数として与えてやれば方程式系として完成である．しかし，6.3 節で述べるように，これらはニュートリノ分布の変動によって決まる量であり，さらにニュートリノ輻射輸送方程式が必要である．

超新星が爆発をするためには流体素片が外向きの速度を持っており，重力的に非束縛状態になる必要がある．爆発のエネルギーは，脱出する流体素片 (ejecta) について，運動エネルギー・内部エネルギー・重力エネルギーの和が正である領域を積分して

$$E_{exp} = \int_{ejecta} \rho \left(\frac{1}{2} v^2 + e_{int} + \Phi \right) dV \tag{6.16}$$

により求められる．この値が 10^{51} erg になれば，観測による超新星爆発を説明することができる[4]．中性子星の重力による束縛エネルギーは 10^{53} erg もあるので，全体のうちのわずかな部分が爆発エネルギーになるかどうか，数値シミュレーションにおける精度を保つ工夫が行われる．

6.2 衝撃波と流体力学的不安定性

重力崩壊から爆発までの流体としての振舞いの概略を図 6.1 に示した．図 6.2 は球対称での流体力学シミュレーションの例で，時刻の経過に伴う流体素片の位置をプロットしてある．ここでは衝撃波のダイナミクスを説明するため，簡単化した計算[5]により爆発させた場合を示している．重力崩壊の開始から 0.3 秒ほどで重力崩壊してから，はね返りが起きている．その直後から中心部は静止しており，外側部分は飛んでいっている（爆発）．この時間発展中の速度分布を図 6.3 に示した．時刻の順（図 6.3 中の番号を参照）に概要を見ていこう．詳しくは 7.3 節で扱う．

鉄コアよりも外側（外層）は密度が低く，長い時間スケールでしか変動しない[6]ので，ここでは鉄コアだけを扱えばよい．重力崩壊が始まると中心部分か

---

[4] 実際には鉄コアより外側にも物質があるので，それらの束縛エネルギーを考慮したうえで十分なエネルギーが必要である．

[5] ニュートリノによる反応を計算せず，断熱近似のもとで流体計算のみを行った．

[6] 大まかには式 (5.32) により見積もられる．

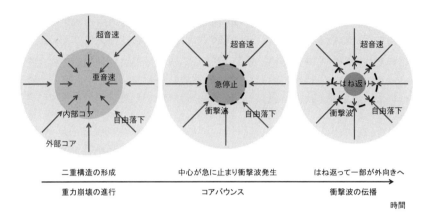

図 6.1　重力崩壊からコアバウンスによる衝撃波伝播までの鉄コアの様子．(左) 重力崩壊中に内部・外部コアが形成，(中央) 内部コアは急激に停止し衝撃波形成，(右) はね返った勢いによる衝撃波伝播．

らの引力により鉄コア全体は自由落下していき (図 6.3 の 1-2)，鉄コア外側部分（外部コア）の速さはやがて超音速にも達する．鉄コア内側部分（内部コア）ではしばらくレプトンによる圧力が優勢であり，図 6.1（左）のように，重力崩壊の途中からは鉄コアが内部・外部コアの 2 重構造になっていく (3-4)．その境は，落下速度が音速を超える点の付近にあり，鉄コアをおよそ半分に分けている．やがて中心の密度が核物質密度を超えると，核物質による圧力が優勢となる．急に圧力が高まるため，圧縮が止まり中心部は停止してしまう．停止したことは音波により内部コア全体にすぐに伝わる (5-9) が，外部コアでは自由落下が続いており，その境目では衝撃波が形成されている (10-11)．ほとんど停止しているところへ物質が超音速で落下して衝突するような状況（図 6.1 中央）であり，速度のほか密度・圧力・温度なども急に変化する断面ができている．

　内部コアの中心では一度密度が急増した後はね返るため，外向きの速度を持った部分が生ずる（図 6.1 右）．このコアバウンスで発生した速度の不連続面は，外に向かってコアの中を進みだすとともに，速度の飛びが大きくなり，速度分布が突っ立った形となっていく (12-15)．音速は密度に依存するため，突っ立った波がさらに強調されて鋭いピーク状の衝撃波が形成される．内部コアの境界付近で発生した衝撃波が，外部コアを突き抜けて鉄コアの表面まで達すれば，

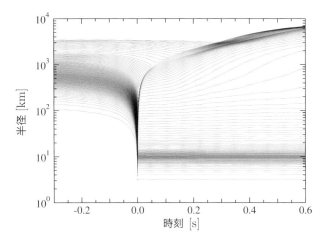

図 6.2 重力崩壊から爆発までの球対称流体力学シミュレーションの例．コアバウンスにより衝撃波が発生，衝撃波が伝播することにより流体力学的に爆発（即時爆発）している．流体素片の半径方向の位置を時間の関数として示してある．時刻はバウンス時を 0 としている．ここでは断熱近似をとり，ニュートリノの寄与は無視している [31]．

外層を外向き速度で吹き飛ばす超新星爆発へと繋がる．このように，超新星爆発では衝撃波が重要な役割を果たしているので，流体力学を扱う際には衝撃波面における不連続な変化を扱うための数値計算法が採用されて数値シミュレーションが行われている．

上述のように物事が進めば簡単に超新星爆発に繋がりそうだが，後で見ていくように実際にはそれほど簡単ではない．内部コアのサイズはニュートリノの寄与によって異なり，コアバウンスにより衝撃波が発生する初期位置は図 6.3 の例よりもっと内側である[7]．初期位置から鉄コア表面までを衝撃波が通過するときには温度上昇による鉄分解が伴い，ほとんどのエネルギーが消費されてしまう．また，外部コアでは物質の自由落下が続いているので，それに打ち勝って衝撃波が突き進まなければならない．このため，衝撃波は鉄コアの表面まで達することができず，途中で停滞してしまうため，単純に爆発に至ることはない．現在では，爆発メカニズムとして現実的ではないが，図 6.2 のような流体

---

[7] 7.4 節の図 7.12 と比較してみるとよい．

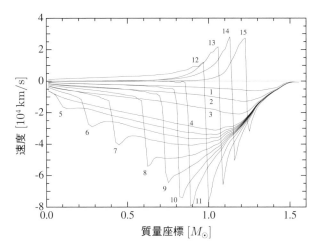

図 6.3 鉄コアの重力崩壊における衝撃波の発生と伝播．質量座標における速度分布．番号は時系列の順番を表す．(1-4) 重力崩壊における 2 重構造，(5-9) 内部コアで圧力変動が伝播，(10-11) コアバウンスと衝撃波形成，(12-15) 外向きの速度ピーク形成と衝撃波伝播 [31]．

力学的な爆発を，即時爆発（Prompt Explosion）と呼んでいる．停滞した衝撃波が復活して爆発に至るかどうかは，対流等の流体力学的な効果やニュートリノ輻射輸送による加熱効果などを考慮して調べなければならない．

　衝撃波が停滞してしまった後，衝撃波が復活して爆発に至る際に重要な役割を果たしているのが流体不安定性である．球対称を仮定しない 2・3 次元空間の数値シミュレーションにおいて，超新星コアの中で起こる様々な流体不安定性が発見されてきており，それらの効果が爆発を引き起こすうえで間接的あるいは直接的な要因だと考えられている．中でも古くから重要視されているのが，超新星コアで起こる対流である．原始中性子星内部あるいは衝撃波背面（加熱領域付近）では自然現象に見られるような対流現象が起きることがよく知られている．その様子は，コンロで下から温めて鍋でお湯を沸かす際に，下から温かい部分が上昇しつつ上から冷たい部分が下降してかき混ざり，全体を効率よく温めるのと似ている（図 6.4 左）．重力のもとで下層部の水が温まると密度が小さくなり相対的に浮力を受けて上昇し，上層表面で冷えた水は密度が大きいので下降する．対流により温かい物質が運ばれると，一緒に熱エネルギーも輸

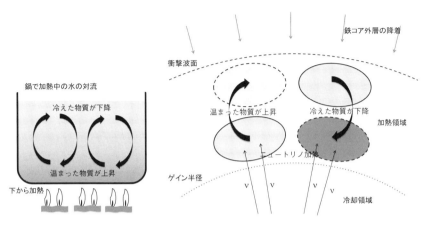

図 6.4　対流の模式図．（左）鍋の水を下から加熱したときの対流，（右）超新星コアにおける対流．中心からのニュートリノによる加熱を受けながら対流が起こる．

送されるため，熱伝導だけで伝わるよりも迅速に広い領域を加熱することができる．

　超新星コアにおけるニュートリノ加熱過程（5.5 節）においても，温められた下部物質が浮かび上がり対流が起きる状況になっている（図 6.4 右）．コアバウンス後には中心に原始中性子星が誕生して，周りには強い重力を及ぼしつつ，大量にニュートリノを放出している．打ち上げられた衝撃波は途中で停滞している．衝撃波と原始中性子星表面の間には加熱領域があり，下から照射されたニュートリノにより物質は温められる．その結果，重力下において温かい物質は相対的に軽くなり上昇し始める．もとは一様分布であっても，少しでも温まり方の違い（非一様な揺らぎ）があれば，温まった部分の上昇変動がさらに成長して大きな領域の物質移流へと繋がる（流体不安定性の成長）．また，衝撃波付近（上層部）の物質が（相対的に）冷たければ，下降へと転じて全体をかき混ぜる対流となる．こうして起きた対流により，加熱領域下部（原始中性子星に近い側）でニュートリノ加熱を受けて温まった物質が加熱領域上部（停滞衝撃波面に近い側）まで熱エネルギーとともに運ばれる．一方，上部から下部へ運ばれた冷えた物質は効率よくニュートリノ加熱される．この熱輸送は，衝撃波背面の物質を効率よく温めて圧力を高めることに寄与して，自由落下する物

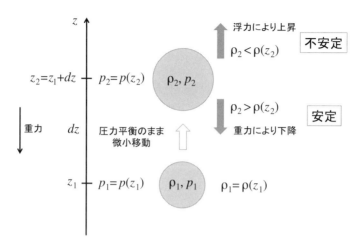

図 6.5 重力の働くもとで物質分布に対流が起こる条件.圧力平衡を保ったまま流体素片が移動した際に,密度が周辺よりも低くなれば,さらに上昇して不安定性が成長する.

質の降着圧に押さえつけられていた衝撃波面を外向きに後押しして,衝撃波復活へ向けた手助けとなる.

このような対流が超新星コアで起きるかどうかは,コア内部の構造・ニュートリノ分布・状態方程式などによっており,超新星ダイナミクスの過程によって状況が異なる.ここでは簡単な設定において対流が起きる条件を見てみよう.図 6.5 のように,空間 1 次元問題(水平に一様な物資分布,z 座標は上向き)において下向き重力のもとで物質が準静的な平衡状態にある状況を考える.下部から上部へと密度・圧力が低くなる分布 $\rho(z), p(z)$ で重力と圧力勾配がつり合っており,物質が少し移動しても圧力平衡を保つとする.ここで流体素片を z_1 から z_2 へと dz だけわずかに上方へ移動したとき,密度がどのように変わるかを調べたい.1 での密度・圧力 ρ_1, p_1 は周辺領域と同じ ($\rho_1 = \rho(z_1), p_1 = p(z_1)$) である.圧力平衡を保ったまま z_2 に移動するので,上昇とともに圧力が減少して $p_2 = p(z_2)$ となる.この圧力の減少に従って密度も減少して ρ_2 となる.この密度が周辺よりも小さい ($\rho_2 < \rho(z_2)$) ならば,周りよりも軽く上向きの力(浮力)が働くのでさらに上昇する.このため,はじめの微小変化をさらに大きくする方向へ進み不安定となる.密度が周辺より大きい ($\rho_2 > \rho(z_2)$) ならば相対

的に重くなり，下向きの力が働くので復元力により元へ戻り安定となる．つまり，密度変化について

$$\left.\frac{d\rho}{dz}\right|_{\mathrm{disp}} - \frac{d\rho(z)}{dz} < 0 \tag{6.17}$$

の条件式を満たすときに不安定となる．第1項は流体の移動により決まる密度変化，第2項は星の密度分布により決まる密度勾配である．第1項は周辺の圧力変動により決まるので，圧力勾配により書き直すと

$$\frac{\partial\rho}{\partial p} \cdot \frac{dp(z)}{dz} - \frac{d\rho(z)}{dz} < 0 \tag{6.18}$$

である．密度は物質の状態方程式により決まり，圧力・エントロピー (S)・組成比 (Y_i) の関数 $\rho(p, S, Y_i)$ なので，密度分布の勾配は

$$\frac{d\rho(z)}{dz} = \frac{\partial\rho}{\partial p} \cdot \frac{dp(z)}{dz} + \frac{\partial\rho}{\partial S} \cdot \frac{dS(z)}{dz} + \frac{\partial\rho}{\partial Y_i} \cdot \frac{dY_i(z)}{dz} \tag{6.19}$$

と表せるので，不安定性の条件は

$$\frac{\partial\rho}{\partial S} \cdot \frac{dS(z)}{dz} + \frac{\partial\rho}{\partial Y_i} \cdot \frac{dY_i(z)}{dz} > 0 \tag{6.20}$$

のように表すことができる．$\frac{\partial\rho}{\partial S}$, $\frac{\partial\rho}{\partial Y_i}$ は状態方程式により決まるが，通常は負の値をとる[8]ので，エントロピーや組成比の空間分布に負の勾配があるところでは不安定性が生ずる．つまり，温かい（エントロピーが高い）ものが下部，冷たい（エントロピーが低い）ものが上部にあると対流へと発展する．

　7章で見るように，超新星コアでエントロピー勾配が負になるところがあるが，条件式 (6.20) に従って，組成の分布勾配も併せて不安定性を考えなければならない．組成比 Y_i は状態方程式を指定する量として，電子数比 ($i = e$) あるいはレプトン数比 ($i = L$) を想定している．後者は，密度が高い領域でニュートリノが閉じ込められて，物質とニュートリノが熱・化学平衡に達している場合である．この場合，レプトン（電子・ニュートリノ）が多いほど物質の圧力

---

[8]圧力を一定に保ったまま，エントロピーを上げると密度は下がる．組成比についても電子組成比を上げると電子圧力が高まるので密度は下がると考えられるが，物質の組成によって異なる場合があり注意を要する．例えば，核物質密度を超えると核力による影響により符号が変わる場合もある．

が高くなるため，エントロピーが高いのと同じ効果が得られる．つまり，レプトンが多いものが下部，少ないものが上部にあると対流へと発達する．このとき，物質が対流により運ばれると熱だけでなくニュートリノも一緒に運ばれることに注意したい．このような対流が原始中性子星の内部で起こると，奥深くに溜まっているニュートリノを表面付近まで効率よく運ぶため，ニュートリノを放出する領域（ニュートリノ球と呼ばれる）のニュートリノ数を増やすことに繋がる．これによりニュートリノ放出量（光度）が上がるとニュートリノ加熱メカニズムにとっては有利となる．

　上述のように，超新星における対流の発生は2つの量（エントロピーおよび組成比）の勾配によって決まるため，いつどこで起こるかを調べるのは単純ではない．ニュートリノ反応による熱やレプトンの変動を組み込んだ流体力学によりダイナミクスを追う必要がある．原始中性子星の内部あるいはニュートリノ加熱領域で起きる対流現象が知られているが，対流が起きたことが直接的に爆発へ繋がるのかどうかが長年の議論となっており，現在でも数値シミュレーションによる研究の注目対象となっている．また，対流以外にも重要とされる流体力学的な不安定性がほかにも知られている．これらについては8章において紹介する．超新星における不安定性の問題では，流体力学だけでなく，以下で述べるニュートリノ輻射輸送が連動しており，新たな現象が発見される可能性を含めて今後も解明すべき課題の一つとなっている．

6.3　ニュートリノ輻射輸送方程式

　超新星コアにおいてニュートリノが物質と反応する時間スケールは，流体ダイナミクスの時間スケールと比べて十分に短いことは保証されておらず，ニュートリノがどのように振る舞うのかは，流体物質とは分けて扱う必要がある．ここで流体として扱うのは，陽子・中性子・原子核・電子・陽電子・光子から構成される高温高密度物質（プラズマ）である．これらの構成要素の間で起こる反応は十分頻繁に起こっており，これにより熱平衡および（電磁および強い相互作用における）化学平衡が保たれている．つまり，流体物質の密度・温度・電子

組成比を決めれば，状態方程式により熱力学的な諸量は求まる．一方，ニュートリノは物質と稀にしか反応しないため，一般に熱平衡や（弱い相互作用における）化学平衡の状態になっていない．つまり，温度と化学ポテンシャルで決まるフェルミ分布の関数を用いることはできず，ニュートリノがどれくらい反応・伝播しているのか，そのエネルギー分布・角度分布・空間分布の時間変動を逐一調べなければならない．もしも反応率が単純であれば，この問題はもっと簡単になるのだが，5 章で見たように，ニュートリノの反応率は環境によって大きく変わり，相手の粒子によって異なるとともに強いエネルギー依存性を持っているため，かなり複雑な問題である．

こうした反応現象を扱いながら，ニュートリノが光速で飛んでいく現象を同時に取り扱うのが，ニュートリノ輻射輸送の問題である．ニュートリノ分布は，空間内の位置 $\vec{r}$ の微小体積においてニュートリノが持つ運動量 $\vec{p}$ 分布を分布関数 $f_\nu(\vec{r}, \vec{p}, t)$ を用いて表す．ニュートリノ数密度は，分布を全運動量空間で積分して

$$n_\nu(\vec{r}, t) = \int \frac{d^3 p}{(2\pi h)^3} \, f_\nu(\vec{r}, \vec{p}, t) = \int \frac{d\varepsilon \varepsilon^2}{(2\pi hc)^3} \int d\Omega \, f_\nu(\vec{r}, \varepsilon, \Omega, t) \quad (6.21)$$

から得られる[9]．ここで $\varepsilon = cp$ はニュートリノエネルギー，Ω はニュートリノ運動量方向の立体角を表しており，運動量空間を球面座標で表したときの角度を θ_ν, ϕ_ν とすると $d\Omega = \sin\theta_\nu d\theta_\nu d\phi_\nu$ である．

簡単のため，図 6.6 のように鉛直座標を z 軸として水平には一様な物質分布の中を進むニュートリノの場合（空間 1 次元問題）を考える．空間内で，ある運動量方向（図 6.6 の s 方向）に沿って進むニュートリノ群について，ニュートリノの移流・反応・時間変動を表すためのニュートリノ分布 $f_\nu(s, t)$[10] が従う方程式は

$$\frac{1}{c}\frac{\partial f_\nu}{\partial t} + \frac{\partial f_\nu}{\partial s} = \left[\frac{1}{c}\frac{\partial f_\nu}{\partial t}\right]_{\mathrm{coll}} \quad (6.22)$$

のように表される．これは，粒子の分布関数について空間・時間発展を扱う

---

[9] この式で，$f_\nu = 1$ としてフェルミ面まで積分すれば，式 (3.5) で $g = 1$ とした温度ゼロでのフェルミガスの数密度が得られる．

[10] ニュートリノ分布の進行方向に沿った座標 s はニュートリノの進行方向 θ_ν（z 軸に対する角度）を指定すると $z = s\cos\theta_\nu$ の関係にあるので，$f_\nu(z, \theta_\nu, t)$ と表すことができる．本来はエネルギー依存性もあるが，ここでは省略している．

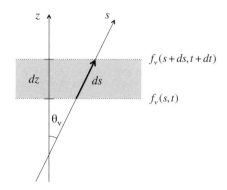

図 6.6 水平に一様な物質分布（空間 1 次元）におけるニュートリノ輻射輸送．ニュートリノが物質と反応を起こしながら，ある運動量方向（s 方向）に沿って，時間 dt の間に変位 ds だけ進む際のニュートリノ分布 $f_\nu(s,t)$ の変動を考える．

ボルツマン方程式である[11]．一見すると単純な方程式に見えるが，以下のように様々な要素を含んでいる．左辺は，ニュートリノ分布の時間変動（dt）とニュートリノが飛ぶ方向に沿った空間変動（ds）を表している．第 2 項は移流項と呼ばれる．右辺は，反応によりニュートリノ分布が増減する効果を表しており衝突項と呼ばれる．

この衝突項には，5 章で扱ったようなニュートリノ反応の反応率をすべて組み込む．代表的なニュートリノ反応のみを再掲して整理すると，電子型（反）ニュートリノ（$\nu_e, \bar{\nu}_e$）の吸収放出過程について

$$e^- + p \longleftrightarrow \nu_e + n \tag{6.23}$$

$$e^+ + n \longleftrightarrow \bar{\nu}_e + p \tag{6.24}$$

$$e^- + (A, Z) \longleftrightarrow \nu_e + (A, Z-1) \tag{6.25}$$

があり，全種類（電子・ミュー・タウ型，反ニュートリノも含む）のニュートリノ（ν）に対して電子・陽電子（$e^\pm$），核子（N），原子核（A）との散乱過程について，

$$\nu + e^\pm \longleftrightarrow \nu + e^\pm \tag{6.26}$$

---

[11] 数密度を記述する分布関数 f の代わりに，エネルギー密度を記述する強度関数 I に関して同様の方程式を用いることも多く，輻射輸送方程式とも呼ばれる．

$$\nu + N \longleftrightarrow \nu + N \tag{6.27}$$

$$\nu + A \longleftrightarrow \nu + A \tag{6.28}$$

があり，また，全種類のニュートリノと反ニュートリノ $(\nu_i, \bar{\nu}_i)$ の対生成・消滅過程について

$$e^- + e^+ \longleftrightarrow \nu_i + \bar{\nu}_i \tag{6.29}$$

$$N + N \longleftrightarrow N + N + \nu_i + \bar{\nu}_i \tag{6.30}$$

などが主要なものとして挙げられる．各過程ではすべて両方向の反応を考慮する．

衝突項はニュートリノ分布と反応率をもとに計算される．基本的な吸収・放出過程の衝突項を例として書くと

$$\left[\frac{1}{c}\frac{\delta f}{\delta t}\right]_{\mathrm{coll}}^{ea} = -R^a(\varepsilon, \Omega)f_\nu(\varepsilon, \Omega) + R^e(\varepsilon, \Omega)(1 - f_\nu(\varepsilon, \Omega)) \tag{6.31}$$

のように吸収と放出の反応率（それぞれ R^a, R^e，単位時間あたりの変化率）により表される．第 1 項はニュートリノが物質に吸収されて減ることを表しており，$\frac{1}{\lambda} = R^a$ により得られる λ は平均自由行程に対応する．第 2 項はニュートリノが生成されて増えることを表している．放出率 R^e に対して，フェルミ粒子に関するブロッキングファクター $(1 - f_\nu)$ が掛かっていることに注意してほしい．同じ量子状態（運動量）がすでに占められている $(f_\nu = 1)$ 場合にはその放出は禁止される．

散乱や対生成・消滅の過程では衝突項がニュートリノ分布を複数含んでおり，さらに複雑な形となる．例えば，散乱過程による衝突項は，散乱後のブロッキングファクターを含み $f_\nu(1 - f_\nu)$ のようにニュートリノ分布について非線形な形となる．反応率は散乱前後のニュートリノエネルギー・角度に依存しており，その計算は膨大な量となる．対生成・消滅過程による衝突項ではニュートリノ分布と反ニュートリノ分布の両方が関与する．これら衝突項はニュートリノエネルギー・角度の積分を含んでいるので，ボルツマン方程式はニュートリノ分布の微積分方程式となる．

移流項についても一般には複雑な要因を含んでいる．ボルツマン方程式 (6.22) の左辺第 2 項は，ニュートリノ運動量の進行方向に沿って微分を行うことを表している．この微分は，どのような座標系を用いるかによって表現が異なる．図 6.6 のように直交座標系をとる場合には，ニュートリノが距離 ds だけ進んだときの進行方向の角度は変わらないので，単純に空間座標の微分で表すことができる．しかし，球座標のように曲がった座標を用いる場合には，ニュートリノが（反応せずに）直線的に進行する際に，座標に対する角度が変わっていく効果を記述する必要がある．例えば，球対称な物質分布の中で進むニュートリノを考えよう．このとき，図 6.7 のようにニュートリノの進む角度 θ_ν （動径方向に対する角度）は s の方向に沿って進むにつれて徐々に変動する．この場合のボルツマン方程式は，ds だけ進む際の動径方向 r に対する変化と角度 θ_ν の変化を微分に取り入れて

$$\frac{1}{c}\frac{\partial f_\nu}{\partial t} + \cos\theta_\nu \frac{\partial f_\nu}{\partial r} - \frac{\sin\theta_\nu}{r}\frac{\partial f_\nu}{\partial \theta_\nu} = \left[\frac{1}{c}\frac{\partial f_\nu}{\partial t}\right]_{\mathrm{coll}} \tag{6.32}$$

のように表せる．このとき，ニュートリノ分布 $f_\nu(r, \varepsilon, \theta_\nu)$ は動径方向の距離 r，ニュートリノエネルギー ε，ニュートリノ運動量の角度 θ_ν の 3 つの座標の関数である．つまり，球対称の条件下であっても 3 次元位相空間における問題になっ

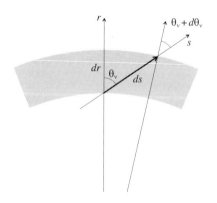

図 6.7 球対称な物質分布（空間 1 次元）におけるニュートリノ輻射輸送．ニュートリノが s 方向に沿って進むにつれて，ニュートリノの進行方向の角度 θ_ν（動径方向に対する角度）は変動する．

ている[12].また,相対論による効果(ドップラー効果,光行差,赤方偏移など)を取り扱うためには,衝突項や移流項を拡張した定式化が必要である(6.5節も参照のこと).このように衝突項・移流項に含まれる複雑な要因のため,一般にニュートリノ輻射輸送問題を解くのは難しく,大規模な数値計算が必要となる.

6.4 拡散から自由伝播まで

超新星におけるニュートリノ輻射輸送問題は,重力崩壊・爆発ダイナミクスおよび極限環境における物質科学の扱いと絡み合って,一段と難しいものになっている.爆発に関与する領域では,環境の時間・空間変動が大きく,重力崩壊前の鉄コア(中心密度 $\sim 10^{10}$ g/cm^3)からコアバウンス時の中心部(密度 $> 3 \times 10^{14}$ g/cm^3)までわずか 0.3 秒ほどで変動する.バウンス後に生まれる原始中性子星の中心から鉄コアの表面($\sim 10^5$ g/cm^3)までの密度の違いは 10 桁近くもある.これらの環境変動においてニュートリノと物質が相互作用する頻度が大きく変わるため,重力崩壊からコアバウンス・爆発へのダイナミクスの間,中心から表面に至るまでのニュートリノ輻射輸送現象を注意深く記述しなければならない.このとき,ニュートリノ輻射輸送を担う主な過程が環境とともに大きく移り変わることが難しい点である.

親星の鉄コアが重力崩壊を始める段階では,電子捕獲反応で発生したニュートリノは密度が低いためにほとんど反応することなく,自由伝播により外へ逃げ出している(5.3節).しかし,急激に上がった密度のもとでは,ニュートリノ・原子核散乱が頻繁になり,ニュートリノは閉じ込められて,拡散現象により徐々に外へ逃げ出している(5.4節).図 6.8 に示すように,重力崩壊の初期のころはニュートリノのエネルギー分布はフェルミ分布ではなく,角度分布も等方ではない.10^{12} g/cm^3 まで密度が上がりニュートリノ閉じ込めが始まるとエネルギー分布値が増えていくが,低エネルギーのニュートリノは逃げていくので分布値が小さいままである.また,角度分布も前方集中型(1 MeV 付近で

[12) 空間軸対称にするとニュートリノ運動量の角度空間の自由度も増えて 5 次元,空間対称性のない 3 次元空間では 6 次元位相空間の問題となる.ニュートリノ運動量 3 次元空間は,エネルギー 1 次元と角度方向 2 次元に分けて扱うことが多い.

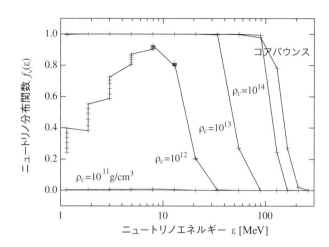

図 6.8 鉄コアの重力崩壊におけるニュートリノ分布関数の例. 中心密度 ρ_c が上がりコアバウンスに至るまでの 5 つのタイミングで, 中心での分布関数を横軸エネルギーとして示してある. 角度による違いは十字の記号が複数の点として現れて, 等方の場合は重なりのため 1 つの点になっている. 密度が低い段階ではエネルギー分布が整っておらず等方分布にもなっていない. 密度が高くなるにつれてニュートリノが溜まっていき, コアバウンスの時点では等方なフェルミ分布になっている.

前方は 0.40, 後方は 0.24) である. さらに高密度になると頻繁な反応により角度分布も等方となり, コアバウンスの時点までには等方なフェルミ分布となっている. このようにニュートリノ分布は常に統計平衡状態にあるわけではなく, ニュートリノ輻射輸送計算を行ってニュートリノ分布の変動を扱わなければいけない. 重力崩壊の短い時間に起きる自由伝播から拡散までの輸送現象の変化を追わなければ中心に溜まるニュートリノの量を正確に求めることができない. このニュートリノ量はバウンス領域の大きさを決めており, 衝撃波の初期エネルギーの大きさを左右する (7.3 節).

コアバウンスののち原始中性子星が誕生してからの状況を模式的に図 6.9 に示した. 中心に溜まったニュートリノは拡散現象により流れ出すが, 密度が低くなるに従って反応の頻度が下がり, ある領域から先では反応をほとんど起こさなくなり, やがて自由伝播へと変わり, 星の外へ直線的に飛行していく. こうして宇宙空間へと放出されたニュートリノが地球上で超新星ニュートリノと

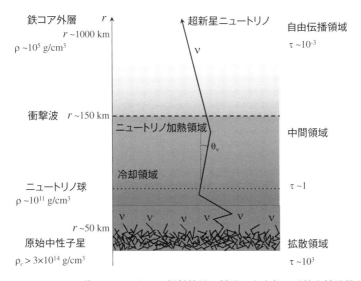

図 6.9 コアバウンス後のニュートリノ輻射輸送の様子．中心部の原始中性子星からは拡散現象によりニュートリノが輸送されて，ニュートリノ球付近から放出される．その一部は反応しながら進み，外層では自由伝播している．爆発に重要なニュートリノ冷却・加熱領域や衝撃波面は拡散と自由伝播の中間領域にある．

して観測される．ここで問題になるのは，拡散から自由伝播へと遷移する領域が超新星爆発にとってもっとも敏感なところと一致していることにある．停滞衝撃波が復活するために重要な冷却・加熱領域（5.5 節）は拡散から自由伝播に至る中間領域にあたっている．

冷却を起こす反応でニュートリノが出てくる領域は，およそ密度 10^{11}–10^{12} g/cm^3 のあたりだが，ニュートリノ種別・エネルギーにも依存するので 1 ヶ所に決まっているわけではない．目安となるのは，ニュートリノ球 (neutrinosphere) と呼ばれる地点である．これは星から出てくる輻射（光）の場合に用いられる光球 (photosphere) と同様の量である[13]．大まかには，ニュートリノ球（光球）においてニュートリノ（光）が最後に反応あるいは散乱して，その後は真っ直ぐに飛んで行くと思えばよい．

---

[13] 星から出る光の場合も，拡散から自由伝播へ向けてどのように伝播しながらスペクトルを形成するかを解くことは重要かつ難しい問題である．輻射輸送問題は天文学における長年の課題であり，様々な研究成果の蓄積が存在する．

詳しく調べるには，外から中へ向かって光線をたどったときに光と物質がどれくらい反応・散乱するかを，平均自由行程 λ を用いて経路 dr に沿って積分して

$$\tau(r) = \int_r^\infty \frac{dr'}{\lambda(r')} \tag{6.33}$$

のように光学的厚さ（optical depth）τ を計算する．この式では，動径座標 r に沿って飛ぶ光（ここではニュートリノ）を考えている．平均自由行程は反応過程により決まり，各位置における物質の状態・組成にも依存する．光学的厚さ τ の値が十分に小さければ（$\tau \sim 10^{-3}$）自由伝播的であり，10^3 のように大きければ，拡散的な領域であることを表す．その中間で τ の値が 1 となる位置をニュートリノ球とする [14]．

平均自由行程はニュートリノ反応のエネルギーにも強く依存するので，ニュートリノ球の位置はニュートリノのエネルギーごとに異なる．つまり，低エネルギーのニュートリノは高い密度（小さな半径）にあるニュートリノ球，高エネルギーのニュートリノは低い密度（大きな半径）のニュートリノ球から放出されている．このように，ニュートリノ放射はエネルギーごとに異なる地点の密度・温度・組成による放出過程を反映しており，エネルギー依存の取扱いがニュートリノ輻射輸送問題をいっそう難しくしている．黒体輻射の扱いでは，同じ半径における 1 つの温度で決まるエネルギー分布を持って放射される過程を考えればよいが，ニュートリノの輻射輸送過程はもっと複雑なのである．

こうして決まったニュートリノ放射は，衝撃波背面の物質への吸収によりニュートリノ加熱に寄与して爆発に影響を及ぼす．基本的には，放射地点のニュートリノ光度が大きい方が爆発には有利となる．しかし，実際の物質への吸収率は物質へ照射される地点でのニュートリノの量によって決まる．ニュートリノによる加熱率（式 5.36）は，より正確には，ニュートリノ光度 L_ν をもとにした加熱領域でのエネルギー密度 $\mathcal{E}_\nu$

$$\mathcal{E}_\nu = \frac{L_\nu}{4\pi r^2 c \langle \mu_\nu \rangle} \tag{6.34}$$

---

[14] 大まかには系の典型的な長さと平均自由行程が同程度になるところである．より詳しく扱うには，輻射輸送問題における手法に従って，$\tau = 2/3$ となるところを定義とする．

に比例しており，ニュートリノの角度分布の平均量 $\langle \mu_\nu \rangle$

$$\langle \mu_\nu \rangle = \langle \cos \theta_\nu \rangle = \frac{F_\nu}{c \, n_\nu} \tag{6.35}$$

に依存している．ここで動径 (r) 方向のニュートリノ流束 F_ν は，分布関数から

$$F_\nu(\vec{r}, t) = c \int \frac{d^3 p}{(2\pi \hbar)^3} \cos \theta_\nu \cdot f_\nu(\vec{r}, \vec{p}, t) \tag{6.36}$$

ニュートリノ数密度 n_ν は，

$$n_\nu(\vec{r}, t) = \int \frac{d^3 p}{(2\pi \hbar)^3} f_\nu(\vec{r}, \vec{p}, t) \tag{6.37}$$

により求められる．つまり，ニュートリノの角度分布を正しく表すことが重要である．この $\langle \mu_\nu \rangle$ は，前方集中度を表しており，中心部における等方分布においては 0，無限遠で動径方向に沿って飛び去るときには 1 となるように，0 から 1 まで徐々に変化する量である（図 6.10 上）．超新星の問題では，前方集中度の値が 0 でも 1 でもない中間の値をとる領域がもっとも重要な加熱領域にあたるため，ニュートリノの角度分布を扱う必要がある．

　このように超新星爆発を扱うためには，拡散から自由伝播までの広い範囲全体を扱う詳細なニュートリノ輻射輸送計算が必要となる．とりわけ中間領域を精密に扱うことが重要である．しかし，エネルギー・角度分布をあらわに扱うのでは計算は膨大になりすぎるので，様々な近似手法が開発されて，超新星ダイナミクスを調べるための数値シミュレーションへ適用がなされてきた．

　もっとも単純な方法は，あらかじめ決めたニュートリノ球において温度や化学ポテンシャルをパラメータとして与えて平衡分布によりニュートリノ放射を決めるやり方（light bulb 法）である．一度放射されたニュートリノは，おおむね $1/(4\pi r^2)$ に従って減衰するものとして加熱領域における加熱率の評価に用いられる．さらに，ニュートリノが抜け出す時間スケールを考慮する場合（leakage 法）もある．より本格的な方法としては，中心部でよい近似となる拡散現象の方程式を星全体に適用すること（diffusion 近似）が頻繁に行われる．このとき，（エネルギーに依存する）拡散係数においては，自由伝播に近づく際にニュートリノ速度が光速を超えないようにフラックス制限の方法（flux-limited diffusion

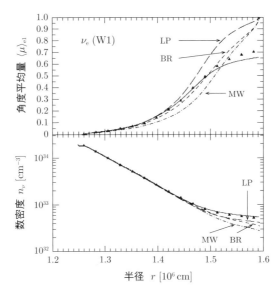

図 6.10 超新星コアの中心に誕生した原始中性子星の表面付近におけるニュートリノ分布．（上）角度平均量，（下）数密度．横軸は半径．黒点はモンテカルロ法による精密な角度分布による値．実線はボルツマン方程式，破線・一点鎖線は拡散近似法による値 [32]．

近似）をとる．こうした近似計算法によるニュートリノ輻射量の評価は，中間領域において厳密ではなく，ニュートリノ加熱量などに影響を及ぼしうる．

図 6.10 には，原始中性子星から放出されるニュートリノの角度平均量（上）と数密度（下）の分布を示してある．（モンテカルロ法による）精密な値（黒点）に対して拡散近似による値（破線・一点破線）は中間領域で大きなズレがある．実線はボルツマン方程式による値である．このとき，拡散近似によるニュートリノの角度平均量（数密度）は，精密な値よりも系統的に大きく（小さく）なっている．つまり拡散近似はニュートリノ加熱において過小評価に繋がることを意味している．

様々な近似手法の開発・応用は，物理・工学の様々な分野における輻射輸送計算方法の発展と結びついている．超新星のニュートリノ輻射輸送計算において近似手法を用いている場合には，近似により発生する誤差が爆発に至る過程において大きな影響を及ぼしていないか，注意深く検証をしながらダイナミク

6.5　ニュートリノ輻射流体力学の数値シミュレーション　　**121**

スを解明しなければならない.

6.5　ニュートリノ輻射流体力学の数値シミュレーション

　ニュートリノ輻射輸送の計算が難しい点や流体ダイナミクスとの連携の様子を基礎方程式の観点からもう少し見てみよう [15]. 流体方程式系と同様に保存量を扱うように定式化するため, 分布関数ではなくニュートリノに関してもエネルギー密度等についての方程式を用いることが多い. 6.3 節で見た例では球対称を仮定していたが, 3 次元空間の直交座標系における輻射輸送方程式（ボルツマン方程式）は

$$\frac{1}{c}\frac{\partial f_\nu}{\partial t} + \vec{n}\cdot\nabla f_\nu = \left[\frac{1}{c}\frac{\partial f_\nu}{\partial t}\right]_{\mathrm{coll}} \tag{6.38}$$

となる [16]. ここで, f_ν は 6 次元位相空間におけるニュートリノ分布関数であり, $\vec{n}$ はニュートリノ運動量の方向の単位ベクトル（$\vec{n} = \vec{p}/p, \ p = \varepsilon/c$）である.

　この方程式を運動量空間における角度部分について積分する [17] と, 左辺はニュートリノ数密度の変化とニュートリノ流束, 右辺はニュートリノ反応による個数変化を表す, ニュートリノ個数の保存則が得られる. 同様にニュートリノエネルギー ε を掛けて角度部分を積分すると

$$\frac{\partial \mathcal{E}_\nu}{\partial t} + \nabla\cdot\vec{\mathcal{F}}_\nu = -Q_\nu \tag{6.39}$$

となり, ニュートリノエネルギー密度 $\mathcal{E}_\nu$, エネルギー流束 $\vec{\mathcal{F}}_\nu$, およびニュートリノ反応によるエネルギー変化 $-Q_\nu$ を表す, ニュートリノエネルギー密度の保存則が得られる. これは 0 次の角度モーメントの式とも呼ばれる. エネルギー流束は, 単位ベクトル $n^i \ (i = x, y, z)$ を用いて,

---

15) 本来の解くべき式は一般相対論による方程式系であるが, ここでは複雑さを避けるため非相対論的な扱いで説明する.

16) この表記は特殊相対論的な効果 v/c をすべて無視した式である. 特殊相対論を考慮する場合, この表記法は拡張しなければならない. 固定した座標系（Euler の方法）による場合は, 左辺の移流項の変更は少ないが右辺の衝突項の計算が複雑になる. 流体にのった座標系（Lagrange の方法）をとると, 衝突項の計算は単純になるが移流項が非常に複雑になる.

17) 3 次元運動量空間を大きさ p と角度空間 $d\Omega$ に分けて $d^3 p = p^2 dp d\Omega$ としたときの $d\Omega$ による積分のこと. 球座標を用いると $d\Omega = \sin\theta_\nu d\theta_\nu d\phi_\nu$ である.

122　第6章　流体力学とニュートリノ輻射輸送

$$\mathcal{F}_\nu^i(\vec{r}, t) = c \int \frac{d^3 p}{(2\pi\hbar)^3} n^i \varepsilon f_\nu(\vec{r}, \vec{p}, t) \tag{6.40}$$

により定義される．このエネルギー流束を決めるために，ボルツマン方程式に ε, n^j を掛けて角度積分して 1 次の角度モーメントの式を作ると，エネルギー流束に関する方程式

$$\frac{1}{c}\frac{\partial \vec{\mathcal{F}}_\nu}{\partial t} + c\nabla \cdot \mathsf{P}_\nu = \vec{G}_\nu \tag{6.41}$$

を作ることができる．この方程式を解くためには，さらに圧力テンソル P_ν^{ij}

$$P_\nu^{ij}(\vec{r}, t) = \int \frac{d^3 p}{(2\pi\hbar)^3} n^i n^j \varepsilon f_\nu(\vec{r}, \vec{p}, t) \tag{6.42}$$

を決める方程式が必要となる．$\vec{G}_\nu$ はニュートリノ反応による運動量の変化を表している．このように角度の高次モーメントが次々と必要になるので，実際にはモーメント量を近似式により表して，高次モーメント量の方程式を打ち切って扱うことが多い．

例えば，流束を近似する場合においては，拡散領域においてエネルギー流束をエネルギー密度の勾配に比例する形の $\vec{\mathcal{F}}_\nu = -D\nabla\mathcal{E}_\nu$ のように表し，自由伝播領域では光速で伝播する形の $\vec{\mathcal{F}}_\nu = c\mathcal{E}_\nu\vec{n}$ のように表しておき，両領域の間はスムースに繋ぐように処方を施しておく．これにより式 (6.39) をエネルギー密度のみの方程式として扱う．この場合，拡散領域における流束の式を代入すると，

$$\frac{\partial \mathcal{E}_\nu}{\partial t} = \nabla \cdot (D\nabla\mathcal{E}_\nu) - Q_\nu \tag{6.43}$$

のように，生成・消滅項を含む拡散方程式が得られ，拡散現象を記述するようになっていることがわかる．さらに高度な近似では，流束には近似をせずに方程式 (6.41) を解く場合もある．このとき，平衡状態に達している領域では等方分布となるので，圧力テンソルをエネルギー密度を用いて $P_\nu^{ij} = \frac{1}{3}\mathcal{E}_\nu\delta_{ij}$ のように近似し，自由伝播では $P_\nu^{ij} = \mathcal{E}_\nu\delta_{ij}$ となるようにスムースに繋いで近似式を作って，方程式系を扱う場合もある．こうした輻射輸送方程式の様々な解法については現在も最先端の研究課題である．詳細については文献・参考書を参照されたい．

このように作られたニュートリノ輻射輸送方程式系と流体力学方程式系を

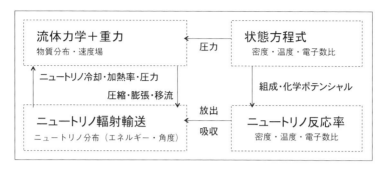

図 6.11 ニュートリノ輻射流体計算の概念図.

合わせて，原子核データ群を用いながら解くことにより，超新星の数値シミュレーションが行われる．各要素の繋がりと計算の流れを大まかに図 6.11 に示した[18]．流体力学と重力ポテンシャルの方程式系を解いて，流体物質の変数（密度 ρ・温度 T・電子数比 Y_e・速度 v など）の時間発展を求めるには，状態方程式により与えられる物質の熱力学量（圧力 P など）を用いる．重力ポテンシャルは密度分布から求められる．さらにニュートリノに関する諸量（ニュートリノガス圧力 P_ν，ニュートリノ反応によるエネルギー変化量 Q_ν[19] など）が必要である．これらの量を求めるためにはニュートリノ輻射輸送方程式系を解いて，ニュートリノ分布（各エネルギーごとのニュートリノ密度，流束など）の時間発展を求める必要がある．このとき，流体の情報（環境変化：圧縮・膨張など）も方程式を解く際に用いられる．ニュートリノ輻射輸送方程式系におけるニュートリノ反応率の項は環境に依存するので，流体力学方程式系から得られる密度・温度・電子数比を用いて，状態方程式から組成を求めて，対応する反応過程の反応率計算を行う．

このように流体とニュートリノ両者の方程式系を連立させて流体力学とニュートリノ輻射輸送における分布変数の時間発展を同時に求める計算は大掛かりな

---

[18] ここでは非相対論の場合で重力についてはポアソン方程式を解くとした．本来は一般相対論のもとで解くため，アインシュタイン方程式による時空の発展方程式を扱うことになる．

[19] このとき，流体物質側がエネルギーを得る（加熱の）場合，ニュートリノ側はエネルギーを失うこと（冷却）に対応しているので，Q_ν 項の符号が互いに逆になっていることに注意されたい．

ものとなる．数値シミュレーションを行う計算コードにおいては，方程式系を差分化して扱う手法が用いられる．空間を格子状に切って各格子点における変数を定義して，時刻 t から $t+\Delta t$ まで（時間刻み Δt）の時間発展を変数に関する方程式を解いて求める．これらの数値的な取扱いについては専門書を参考にされたい．ニュートリノ輻射輸送方程式を解くにあたっては，ボルツマン方程式を直接解く場合もあるが，角度分布を扱うと計算量が膨大になるため多くの場合はニュートリノエネルギー密度や流束の方程式を解いている．原子核データ群については，数値シミュレーションにより必要となる状態方程式やニュートリノ反応式を数値データやライブラリとしてあらかじめ用意して組み込んでおく．どのような極限環境になるかは前もってわからないので広い範囲の密度・温度・電子組成比をカバーしておいていつでも参照できるようにライブラリを用意しておく必要がある．こうした原子核データ群の整備も数値シミュレーションにおいて不可欠であり，重要な役割を果たしている．

第7章 重力崩壊から爆発まで

　2章から6章まで超新星爆発を理解するために必要な物理過程を個別に概観してきた．本章では，超新星爆発がどのように起きるのか，はじめからおわりまで通してダイナミクスを見ていこう．各パーツを組み合わせてパズル全体がどうなっているのか，絵の全体像をつかめるようにしたい．はじめの重力崩壊から爆発に至るところまでの各ステージはどのような極限環境であって，そこでは何が起きているのだろうか．どのステージで何が進み，どう繋がっていくのかをイメージできるようになれば，原子核・宇宙物理学における超新星爆発メカニズム全体像への理解が進むだろう．

　本章で述べるような爆発メカニズムは大筋で正しいのだが，爆発へ転ずるための決め手となる部分が何かは特定しきれていない．ジグソーパズルの絵の構図はおおむね完成しているのだが，肝心の部分の描画が欠けていて解読できず，まだ足りないピースが残されている状態である．各段階での物理過程の役割により，一度つぶれた星が爆発に至るはずだが，個々の要素が変わることにより，不発に転じてしまう可能性もある．ここでは重力崩壊から衝撃波が打ち上げられて，爆発するかどうかの瀬戸際に至るところまでの基本メカニズムを見ることにして，最近の話題は8章で紹介することにする．原子核・ニュートリノなどの素過程と流体・輻射輸送などのダイナミクスの連携を見ながら，何がどう変わったら爆発しやすいか，それとも爆発しにくいのか依存性をつかんでいき，何が足りないピースなのかを探っていこう．

126 第 7 章 重力崩壊から爆発まで

7.1 鉄コアの重力崩壊

　重力崩壊型超新星のはじまりは，太陽質量の 10 倍以上の重い星の最期である．進化の途中で生成されたヘリウム・炭素などの元素がタマネギのように層状に重なった構造となる．その中心にある鉄コアが超新星ダイナミクスの舞台である．2 章で見たように，多様な原子核の中でもっとも安定な原子核は鉄であるため，核反応によるエネルギー生成系列で最後に残されるものが溜まり鉄コアとなる．図 7.1 に示したのは，太陽質量の 15 倍 ($15M_\odot$) の質量を持つ星の進化の最終段階における内部構造の例である．横軸は式 (4.1) で定義した質量座標であり，質量で測った半径である．質量数比による組成の構造（右下）を見ると，鉄コアの外にはケイ素，酸素・ネオン・マグネシウムなどの元素の層が重なっている．このとき，鉄コアの半径は 10^8 cm，ヘリウム・水素層を含む星全体の半径は 10^{13} cm 程度である．以下ではこの星を初期条件とした球対称数値シミュレーションの結果をもとに爆発メカニズムについて説明を進めていく．

　鉄コアの性質は重力崩壊から爆発の可否までを左右する要因であり，残される高密度天体の運命をも握っている．その質量は，親星の質量や進化モデルに依存するが，典型的には $1.4M_\odot$ 程度である．親星進化の最終段階まで鉄が生成されて鉄コア質量が増加するが，その質量には限界があることが知られている．図 7.1 でわかるように，中心の密度は 10^{10}g/cm^3，温度 [1] は中心で 0.7 MeV (8×10^9 K) であり，この時点で鉄コアの構造を支えているのは，高密度のため縮退した電子の圧力である．3 章で見たように，縮退した電子ガス（十分に相対論的な場合）では圧力が密度の 4/3 乗に比例する状態方程式となっている．この状態方程式により支えられる星の構造を解くとその限界質量は

$$M_{Ch} = 1.457 \left(\frac{Y_e}{0.5} \right)^2 M_\odot \tag{7.1}$$

により決まることがわかっている．この限界質量をチャンドラセカール質量という．Y_e は電子数比であり，鉄 ^{56}Fe の場合には $Z/A = 0.46$ である．後で述べるように，鉄コアの質量は小さい方が爆発には有利である．

---
[1] 以下では温度 $k_B T$ を MeV の単位で測る．10^{10} K が 0.8617 MeV に対応する．

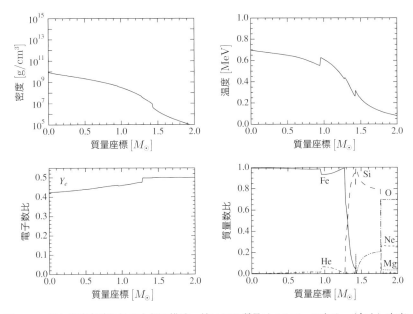

図 7.1 重力崩壊直前の星中心部の構造．鉄コアの質量は $1.3M_\odot$ である．（左上）密度，（右上）温度，（左下）電子数比，（右下）組成（質量数比）の分布．横軸は太陽質量を単位とした質量座標 [33].

限界質量に近づいた鉄コアの内部では様々な原子核反応が起きているが，中でも 2 種類の反応過程が急激に進み始めて，星の構造が不安定となり重力崩壊が始まる（図 7.2）．引き金となるのは原子核の電子捕獲反応と光分解反応である．前者は 5.3 節で見たように，中心部で縮退した電子の平均エネルギーが高くなるため，弱い相互作用により原子核が電子を捕獲して中性子が過剰な原子核へと変換される過程である．例えば，鉄原子核に電子が吸収される反応

$$e^- + {}^{56}\text{Fe} \longrightarrow \nu_e + {}^{56}\text{Mn} \tag{7.2}$$

では，電子がニュートリノへと変換されて，外へ逃げていってしまう．圧力を担う電子の数が減ってしまうので，星をギリギリ支えていた電子縮退圧が十分でなくなってしまう．支えを失って密度が上がると電子のフェルミエネルギーが増加するので，さらに電子捕獲反応が進むため，電子数および電子縮退圧が不足する．このように電子捕獲と密度上昇が次々と起こり，重力崩壊を加速す

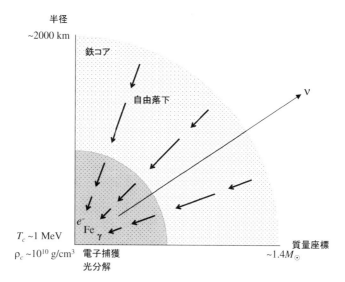

図 7.2 超新星メカニズムの概略（その1）重力崩壊のはじまり．鉄コアの中心で電子捕獲・光分解反応が起こり，圧力による支えが不十分な状態となり，つぶれ始める．

る．実際には，鉄コアが形成される星の進化過程においてもすでに電子捕獲過程が起きている．図7.1（左下）において，Y_eの値は鉄^{56}Feの0.46よりも小さくなっており，鉄付近の中性子過剰原子核が多く含まれている．

鉄コアの重力崩壊の引き金となる要因の2つ目は鉄の原子核などを次々と光分解する反応である．鉄コアの温度は0.5 MeVを超えているため，様々な原子核反応が起きていて，多様な原子核が分布している．鉄コアといっても，^{56}Feの1種類の原子核が存在しているのではなく，核統計平衡（Nuclear Statistical Equilibrium, NSE）と呼ばれる化学平衡状態となっており，化学ポテンシャル間のつり合いにより原子核種の組成比が決まる状態にある．強い相互作用と電磁相互作用については十分に短い時間で反応が起こり，詳細つり合いが成り立っている．例えば，

$$\gamma + {}^{56}\text{Fe} \longrightarrow 13\,{}^{4}\text{He} + 4\,\text{n} \tag{7.3}$$

により鉄はヘリウム原子核（アルファ粒子）と中性子へと分解される[2]．核子

---

[2] このとき，鉄を作る方向の反応も同時に起きており，化学平衡のもとで一定の割合が鉄として存在している．

あるいはヘリウム系列の原子核から鉄を作る過程では束縛エネルギーが増えるためにエネルギーを得ることができた．しかし，この反応において両辺の全静止質量を比較すると右辺の方が 124.4 MeV だけ大きい吸熱反応になっている．つまり，鉄をバラバラに分解するためにエネルギーを消費することになる．このため，鉄コアの重力崩壊が進む際に，一部の鉄が分解されながら圧縮が進むことになる．このとき，密度が上がっても十分に圧力が増えないため，圧縮を止めることができず，さらに重力崩壊が続くことになる．

　状態方程式と星の構造の安定性の観点から見ると，相対論的フェルミ気体の際には圧力 $P = C\rho^{\Gamma}$ における密度のベキ乗は Γ=4/3 であり，電子の圧力で支えられる鉄コアはギリギリ安定な状態であった．電子捕獲と光分解反応の両者（あるいはいずれか）が起きると，密度上昇に伴う圧力増加が足りなくなり，密度のベキ乗の値は $\Gamma < 4/3$ となる．これにより星の構造が不安定な状態となっており，いったん崩壊が始まると，さらに圧縮へと繋がり，止めることはできない．超新星爆発へ向けたスタート地点である重力崩壊が始まった．

　図 7.3 には重力崩壊中の密度と温度の変動を示した．密度は 4 桁以上も大きくなり，核物質密度を超える高密度へ至る．圧縮とともに温度が上がっている．鉄コア中心部の自由落下にかかる時間は 0.2 s 程度と短く，ニュートリノによる内部エネルギーの持ち出しも少ないため，重力崩壊はほぼ断熱的に起きている [3]．物質の「熱さ」を特徴づけている熱力学量は，1 核子あたりのエントロピー S であり，物質の圧縮はエントロピー S＝一定のまま起こる．全エントロピーの主な寄与は電子によるものであり，電子ガス（フェルミガス）の 1 核子あたりのエントロピーは $T/\mu_e \sim T/\rho^{1/3}$ に比例しているので，温度の上昇は比較的緩やかであり，重力崩壊の途中では 5 MeV 程度までしか上がらない．このため，重力崩壊の最中に原子核がすべて融けてしまうわけではなく，原子核が主成分として残っている．これによりニュートリノ閉じ込めが効率よく起こる．

---

[3] 正確には，ニュートリノ冷却によるエントロピー減少だけでなく，組成変化（化学平衡からのずれ）に伴うエントロピー増加も加わり，重力崩壊中にわずかに増加する．

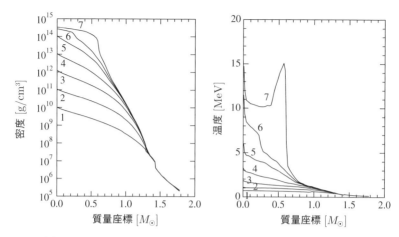

図 7.3 重力崩壊開始からコアバウンスまでの密度（左）・温度（右）分布の変化．横軸は質量座標．番号は時系列の順番を表す．1 が重力崩壊開始直後，2–5 は中心密度が $\rho = 10^{11}, 10^{12}, 10^{13}, 10^{14}$ g/cm^3 の時刻，6 はコアバウンス直前 (−0.2 ms)，7 がコアバウンス時．バウンス時の衝撃波の発生に伴い温度のピーク構造が形成される．

7.2　電子捕獲反応とニュートリノの閉じ込め

　重力崩壊により密度と温度が高くなっていく中では，弱い相互作用によるニュートリノの反応も起きており，中心コア[4]の特性が変わっていきながら，重力崩壊は次のステージへと移っていく．電子捕獲反応により組成が変わり発生したニュートリノは，はじめは逃げて行くが，密度が上がると閉じ込められてしまう（図 7.4）．

　重力崩壊前半（図 7.3, 図 7.5: 1-2）では電子捕獲反応が起きており，陽子から中性子への変換が徐々に進んで，電子を含む割合 Y_e が減少する（図 7.5 左）．このため，中性子過剰な原子核が多くなり，やがて電子捕獲反応は進みにくくなる．中性子過剰な原子核では，高いエネルギー準位まで中性子が埋まっているので，陽子を中性子へ変換するのに必要なエネルギーが大きくなりすぎるためである．原子核内の陽子が電子を吸収して中性子になったとしても行き先の

---

[4] 鉄コアを含む超新星コアの中心部（5.4 節）．

7.2 電子捕獲反応とニュートリノの閉じ込め

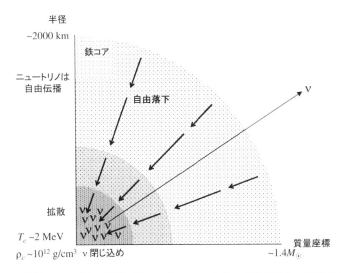

図 7.4 超新星メカニズムの概略（その 2）ニュートリノの閉じ込め．密度の上昇に伴いニュートリノと原子核の散乱が頻繁に起こり，ニュートリノはすぐに外へ逃げることができなくなる．ニュートリノの伝播は中心部では拡散，外では自由伝播となる．

準位が埋まっているとパウリの排他律により反応自体が抑制されてしまう（パウリ・ブロッキング）．原子核による電子捕獲反応がストップした後は，周りにわずかに存在している陽子による電子捕獲反応が少しの間続くことになる．

電子捕獲反応により発生したニュートリノは，（密度が低いうちは）物質とほとんど相互作用することなく外へ逃げるため，中心コアからレプトン数を持ち出すことになる．図 7.5（右 1, 2）のように，電子数比が減るとレプトン数比も減少する．後で述べるように，中心コアに多くのレプトンが存在する方が爆発には有利である．つまり，電子捕獲反応がなるべく起きずに Y_e や Y_L の値が大きいままの方がよい．

電子捕獲反応がどれだけ進むのかは，超新星爆発の研究において重要な要因の一つであり，中心コアにおける環境によって決まる原子核・陽子の組成比，存在する原子核の種類（核種）に応じた電子捕獲反応率などの状態方程式・原子核データを組み込んで調べる必要がある．電子捕獲反応率は核種によって大きく異なるので，どのような原子核が存在するかが重要である．図 7.6（左）に

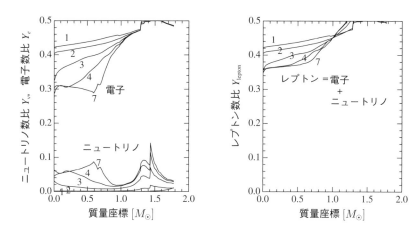

図 7.5 重力崩壊開始からコアバウンスまでの電子・ニュートリノ数比（左），レプトン数比（右）の変化．電子数比は減少するが，ニュートリノの閉じ込めが起きるとニュートリノ数比が増加する．レプトン数比ははじめは減少するが，やがて一定になって落ち着く．番号は図 7.3 で示した時系列の順番を表す．図の見やすさのため 5, 6 は省いた．

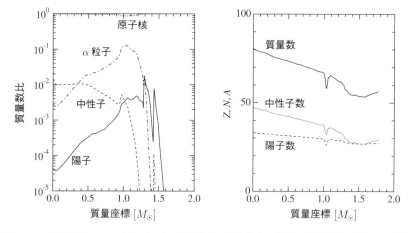

図 7.6 中心密度 $\rho = 10^{11}$ g/cm^3 の時刻での組成分布．（左）質量数比，（右）存在する原子核の陽子数・中性子数・質量数を質量座標の関数として示した．

は中心密度 $\rho = 10^{11}$ g/cm^3 の時刻での組成分布を示した．原子核の質量数比は $X_A \sim 1$ で，原子核が主成分である．陽子，中性子の質量数比はそれぞれ $X_p \sim 10^{-4}, X_n \sim 10^{-2}$ と小さい．このわずかな陽子も電子捕獲反応に寄与す

るので，無視することはできない．陽子が少ない方が電子捕獲反応が進まずに
すむ．図 7.6（右）には代表的な原子核の種類 (Z, N, A) を示した[5]．原子核の
種類は外側では鉄に近く，中心に向かって中性子過剰で重い原子核が存在して
いる．中性子数が大きすぎると電子捕獲反応が進みにくくなる．

　中心コアにおける原子核の存在は，重力崩壊後半におけるニュートリノの振
舞いに重要な効果をもたらす．5.4 節で見たように，ニュートリノは原子核に
より散乱される．密度の上昇とともに平均自由行程は星のサイズよりも小さく
なり，中心コアから自由に逃げ出すことができなくなる．やがて散乱の頻度が
増えると，ニュートリノは拡散現象によって移流するようになり，急速に重力
崩壊する物質の中に閉じ込められたまま，圧縮されるようになる．ニュートリ
ノはフェルミ粒子なので，圧縮されるとフェルミ面が上がっていき，縮退した
フェルミガスの状態になっていく．その結果，ニュートリノの平均エネルギー
が上がるので，ニュートリノ・原子核散乱の反応率が増えて，さらにニュート
リノは閉じ込められる，というサイクルが回っている．

　これ以降の重力崩壊後半（図 7.3，図 7.5: 3-7）では，中心部のニュートリノが
すぐに逃げ出すことはなく，各点でレプトン数は一定に保たれる．電子数比は
減少するがニュートリノ数比が増加してレプトン数比は変わらなくなっている
（図 7.5 右）．このときのレプトン数比が大きければ爆発にとって有利である．

　ニュートリノ閉じ込めの状況では熱も逃げないので断熱変化となり，エント
ロピーも一定となる．ニュートリノが縮退した状況では，発生するニュートリ
ノがブロックされるため，陽子を中性子へ変換する電子捕獲反応が一方的に進む
のではなく，ニュートリノが原子核や核子に吸収される逆反応も起きるように
なり，両方向の反応が頻繁に起こることによりニュートリノを含むベータ平衡
が達成されるようになる[6]．これらの過程により，コア中心部の物質は，（電子
数比 Y_e の代わりに）レプトン数比 Y_L とエントロピー S で特徴づけられる化学
平衡を保った状態となる（超新星物質と呼ばれる）．縮退したニュートリノは電
子とともに星を支える圧力を担うようになる．こうして閉じ込められたニュー

---

[5] 8.5 節の図 8.22 も参照のこと．より詳しく見ると，^{56}Fe だけでなく周辺の多くの原子
　核が出現しており，実験するのが難しい中性子過剰原子核まで分布が広がっている．

[6] ニュートリノのエネルギーが高いほど反応が頻繁に起こるので，より速く平衡に近づ
　く．

トリノは，次節以降で見るように重力崩壊とコアバウンスに影響を与え，さらには中性子星形成・爆発・超新星ニュートリノへと繋がっていくこととなる．この後見ていくように，爆発が有利になるためには，できるだけ多くのニュートリノが溜まっている方がよい．

7.3　コアバウンスと衝撃波発生

　重力崩壊が進むと中心コアは2重構造となり，高密度になった中心部分からコアバウンス（はね返り）が起こり，外へ向けて衝撃波が打ち上げられる．これが爆発へ向けた最初のステップである（図7.7）．

　重力崩壊は最終段階となり，中心コアは性質が異なる内部コアと外部コアに分かれて崩壊を続けている．中心密度が10^{14} g/cm^{3}となったころ，図7.8に示すように，内部コアでは音速よりも遅い速さ（亜音速）で収縮しており，外部コアでは超音速で自由落下をしている．このとき，中心コアは短い時間スケー

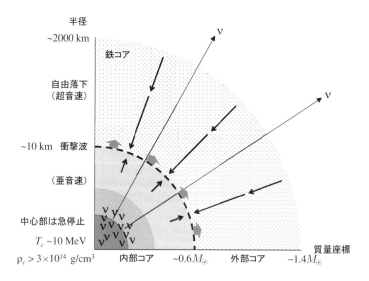

図 **7.7**　超新星メカニズムの概略（その3）コアバウンス．密度が核物質密度を超えると急に固くなるため，中心部は急停止してはね返り，衝撃波が発生する．亜音速の内部コア表面が境目であり，外部コアでは超音速で物質が自由落下している．

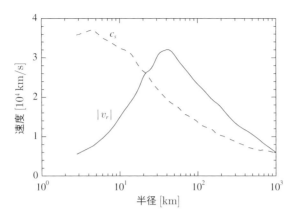

図 7.8 中心密度 $\rho = 10^{14}$ g/cm^3 の時刻での動径方向の速度分布（絶対値 $|v_r|$）と音速 c_s を半径の関数として示した.

ルで速やかに重力崩壊しているが，中心コアより外側のさらに密度が低い部分は，自由落下時間が長いため中心の収縮から取り残されており，後から遅れて崩壊している状況である．

中心コアはレプトンによる圧力で支えられており，圧力が密度のベキ乗で表される状態方程式のもとでの構造・ダイナミクスの解析により，全体の振舞いが理解されている．中心部の崩壊は自己相似形と呼ばれる速さが半径に比例（$v \sim r$）する性質を持っている．内部コアのサイズ M_inner は，減少した Y_L の値によるチャンドラセカール限界質量

$$M_\text{inner} = 1.457 \left(\frac{Y_L}{0.5}\right)^2 M_\odot \tag{7.4}$$

で決まり，$M_\text{inner} = 0.5\text{–}0.8 M_\odot$ の程度である．これはおよそニュートリノが閉じ込められた領域であり，この時点までに，どの程度電子捕獲が進みニュートリノが逃げたかが，Y_L および内部コアの大きさを決めている．一方，外部コアは自由落下により決まる速さ（$v \sim r^{-1/2}$）程度で落ち続けて，内部コアに向かって急速に降り積もっている．

中心の密度が核物質密度を超えると，急に圧縮が難しくなり，中心部から重力崩壊が止まってコアバウンスが起きる．図 7.9 には，重力崩壊中の中心での密度（上）と断熱指数（下）の時間変化を示した．バウンス時（時刻 0）には

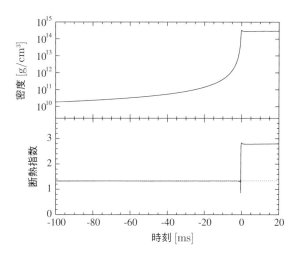

図 7.9 重力崩壊中の中心の密度（上）と断熱指数（下）．時間はコアバウンスの時刻を 0 とした．

断熱指数の急増とともに密度の増加は急停止している．ここでは高温高密度核物質の状態方程式が重要な役割を果たしている．核物質密度よりも高い密度では原子核はバラバラとなり，陽子・中性子の高温高密度核物質となっている．3 章で見たように，核物質密度を超えて核物質を圧縮するとエネルギー・圧力が急激に上がる．超新星の内部コアにおいて密度が上がると圧力が急激に増加するため，これ以上圧縮できないところまで達して重力崩壊には急激にブレーキがかかる．

このとき，状態方程式の圧力を担う主役はレプトンから核子へと変わっている．図 7.10 上に示したように，密度と圧力の関係において密度が $\rho = 10^{14}$ g/cm^3 を超えると傾きが険しくなっている．断熱指数 Γ は

$$\Gamma = \frac{d \log p}{d \log \rho} \tag{7.5}$$

で求まるので，図 7.10 上のような両対数プロットでの傾きに対応する．この量で見ると，レプトンのフェルミガスの値（$\Gamma = 4/3$）から核子多体系から導き出される値（$\Gamma \sim 2.8$）へと急増しており，圧力増加傾向が強くなることがわかる（図 7.10 下）．核子系における圧力急増が，重力崩壊を押し止めてコアバウンス

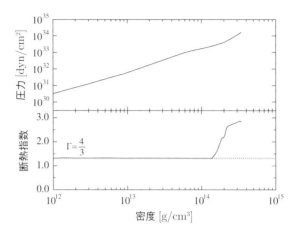

図 7.10 コアバウンス時における密度と圧力（上）および断熱指数（下）の関係．圧力の傾きは $\rho = 10^{14}$ g/cm^3 を超えたところで変わっており，断熱指数もそこでジャンプしている．

へと転じさせて，やがては超新星爆発へと導く原動力となるのである．

　この断熱指数（圧力）急増は，核力の基本的な性質によるものである．核物質を圧縮すると核子間距離が短くなり，核子同士に働く核力ポテンシャルにおいて強い斥力が効き始める．この斥力芯の存在のため，原子核はつぶれることなく安定に存在している．超新星においては，核力の斥力芯のおかげで重力崩壊がコアバウンスへと転じて，高密度天体が安定に存在することへと繋がっている．このとき，斥力芯の強さによって，核物質・原子核における圧力急増の傾向が決まり，はね返り方は異なったものとなる．つまり核力の斥力芯は，超新星メカニズムにおいて重要な鍵を握っている．特に，核物質密度を超えた密度・中性子過剰な状況での反発がどの程度なのかが問題となる．

　こうして内部コアは中央から順に急停止して平衡形状へと近づいていく．中心部がいったん最高密度（圧力）に達して，はね返った際の変動は外に向けて音波として伝播していく．上層からは外部コアの物質が自由落下してきており，その境目で衝撃波が発生する（6.2節）．衝撃波が発生する位置は内部コアの表面付近であり，閉じ込められたレプトン数比 Y_L の値によって異なる．この位置をスタート地点として衝撃波が外向きに伝播し，外部コアを貫き通して鉄コ

アの表面まで達することができれば，爆発は成功となる．

衝撃波のスタート位置（これより内側をバウンスコアと呼ぶ）は爆発の可否を左右しており，超新星爆発にとって重要な要因である．バウンスコアのサイズは，およそ内部コアと同じであり，$M_\text{bounce} \sim M_\text{inner}$ である．バウンスコアが持つ重力エネルギーは，バウンスコアの半径 R_bounce から

$$E_\text{shock}^{ini} = \frac{GM_\text{bounce}^2}{R_\text{bounce}} \tag{7.6}$$

と見積もられ，これが爆発へ向かう衝撃波の初期エネルギーの目安となる．この値は 10^{51} erg よりは大きく，一見すると，爆発するためには十分な量に思われる．重力エネルギーの式において，大きなエネルギーを得るには質量は大きい方がよく，半径は小さい方が有利である．バウンスコアの質量 M_bounce を大きくするには，式 (7.4) に従って，限界質量 ($\propto Y_L^2$) を大きくするための Y_L を大きくすればよく，ニュートリノ閉じ込め量が多い方がよい．また，前述のように電子捕獲反応があまり進まず Y_e（および Y_L）を大きく保つ方が有利である．一方，半径 R_bounce を小さくするには，バウンス時の状態方程式が柔らかい方がよい．核物質密度を超えた密度での圧力上昇度合いが緩やかで，コアバウンスが起こるときの密度が高い方がバウンスコアの半径は小さくなる．

こうしたコアバウンス時において，原子核物理が及ぼす影響については 1980 年代に精力的に調べられている．当時はよくわかっていなかった状態方程式のパラメータを大きく変えて爆発の起きやすさの依存性を調べた．例えば，一様原子核物質を特徴づける非圧縮率 K や高密度での密度依存性 Γ が小さく，状態方程式が柔らかい方が爆発しやすいことがわかっている．この当時，爆発に有利であるとして採用された値は，現在では観測・実験と照らし合わせると極端なものになっており，そのまま結論を用いることはできないが，状態方程式の固さが爆発へ及ぼす影響を知るうえで重要な結果である．

7.4 衝撃波の伝播と停滞

コアバウンスで衝撃波が発生した後，爆発へ向かうまでの道のりは険しい．

7.4 衝撃波の伝播と停滞

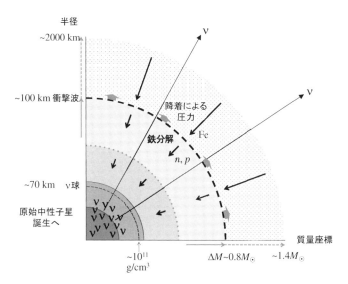

図 7.11 超新星メカニズムの概略（その4）衝撃波の停滞．衝撃波は外に進もうとするが，鉄分解と物質降着によるエネルギー損失があり，鉄コアの表面に達する前に停滞してしまう．中心には原始中性子星が誕生しつつある．

バウンス時のスタート位置から中心コアの外層へ $1.4M_\odot$, 1000 km を超えて衝撃波が伝播していかなければならない．ところが，外へ向かって伝播していく際にはいくつかの障害があり，途中で進行が妨げられて衝撃波は停滞してしまう（図 7.11）．

図 7.12 は，コアバウンスから後 100 ms までの衝撃波伝播の様子を示している．これ以降は，バウンス時を起点として時刻を計ることにする．バウンス時 (7) の衝撃波の位置は半径で 10 km 付近，質量座標では $0.6M_\odot$ である．はじめのうち衝撃波は外向きに伝播している (8-10) が，100 km を超えるころには減速してしまい (11)，150 km ほどで停滞してしまう (13)．質量座標で見ると外向きに伝播してはいるが衝撃波はすっかり弱まっている．伝播の間に，バウンスで打ち上げられた外向き速度分布の突っ立った部分は弱まってしまい，最後は落下してきた物質が衝撃波に当たった後，中心部分に静かに溜まるだけとなっている．このように衝撃波は停滞してしまい，降ってきた物質が溜まり続けるだけでは，爆発に至ることはない．

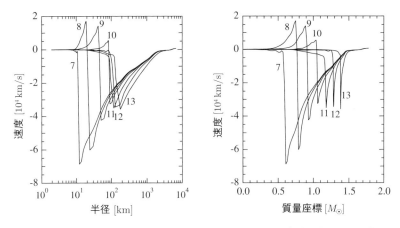

図 7.12 バウンス後の速度分布の変化．横軸は（左）半径，（右）質量座標．番号はバウンス後の時系列に対応する．7 がバウンス時，8-13 は 0.3, 1, 3, 10, 30, 100 ms 後．

衝撃波の伝播が妨げられる要因は，降り積もってくる物質による圧力を受けることや，衝撃波の通過時に物質を分解するためエネルギーを消費することにある．伝播の難しさは，自由落下してくる物質分布（物質の量・成分および速度）と衝撃波の勢い（衝撃波を後押しする部分の状態）によって異なる．降り積もってくる物質（以下，降着物質）の主成分は鉄であり，衝撃波に到達するとエントロピー上昇のため，一連の光分解反応により陽子と中性子に分解される．7.1 節で見たように，光分解反応は吸熱反応であり，1 つの鉄原子核 ^{56}Fe を核子までバラバラに分解するためには（図 2.5 により）8.8×56 MeV が必要である．図 7.11 の例の場合，衝撃波の初期位置から鉄コア表面までの質量差は $M_{\mathrm{Fe}} - M_{\mathrm{bounce}} = 0.8 M_\odot$ であり，この質量部分に含まれるすべての鉄原子核を分解するのに多大なエネルギーが消費されてしまう．そのエネルギー損失量は

$$E_{\mathrm{loss}} = 1.6 \times 10^{51} \left(\frac{M_{\mathrm{Fe}} - M_{\mathrm{bounce}}}{0.1 M_\odot} \right) \text{ erg} \tag{7.7}$$

であり，式 (7.6) による衝撃波の初期エネルギーを消費してしまう．このため衝撃波は外部コアを伝播中に停滞してしまい，鉄コア表面まで到達できなくなる．

このエネルギー損失を減らして少しでも爆発を有利にするには，衝撃波が進むべき部分の量が小さくなればよい．例えば，バウンスコアの質量が大きけれ

ばよく，解放される重力エネルギーも大きくなり，一挙両得である．バウンスコアの大小は中心に溜まったレプトンの量が決めており，重力崩壊中に起きる電子捕獲・ニュートリノ放出量に依存する．また，重力崩壊前の親星の性質によっても状況は変わりうる．例えば，親星の鉄コアの質量が小さい場合は爆発に有利である．また，はじめの状態（密度，温度，電子組成比）によっては，後の電子捕獲反応の進み具合が変わる可能性もある．衝撃波伝播を助けるという観点からは，落下してくる物質の勢いが弱ければ爆発には有利となる．これは親星の密度構造と関係しており，例えば鉄コアの外部コア領域の密度が低い方が自由落下時間が長くなり，単位時間あたりに降り積もる物質の質量（降着率）が小さくなるため，衝撃波に当たる勢い（ラム圧力）が小さくなり爆発には有利となる．

　初期条件である鉄コアの違いによって，もともと爆発しにくい（爆発しやすい）場合があるため，親星1つだけについて調べても爆発メカニズムについて十分な結論を得ることはできない．実は，星の進化モデル計算によって得られる親星の性質は様々であり，親星の質量・金属量を変えると鉄コアのサイズや構造が異なるものになってしまう．様々な進化モデルによる親星について超新星爆発の数値シミュレーションを行って，どのような爆発を起こすのか，起こさないのかを調べてみる必要がある．このことは，星には様々な質量のものがあり，それぞれの星がどのような進化の最期を迎えるのか，という重要な質問に繋がっている．最後に残されるのが中性子星なのかブラックホールなのか定めることも研究の課題の一つである．

7.5　ニュートリノ加熱による衝撃波の復活

　鉄コアの中で停滞してしまった衝撃波が，どのように復活して爆発するのかは，近年の超新星研究における最重要課題である．停滞した衝撃波は一度は失敗してしまった状況から改めて爆発を起こすための2度目のスタート地点でもある．最先端の研究においても，停滞から脱出するための第一義的な要因は何かが議論となっており，いまだ知られていないメカニズムが発見される可能性

142   第7章 重力崩壊から爆発まで

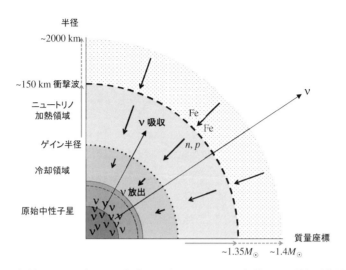

図 7.13 超新星メカニズムの概略（その5）ニュートリノ加熱による衝撃波復活へ．中心部に誕生しつつある原始中性子星から放出されるニュートリノの一部は衝撃波背面の物質に吸収されることにより物質の加熱に寄与する．この加熱は衝撃波を後押しして外向きの伝播へ転ずるのを助ける．

を秘めている．本節では，停滞衝撃波において確実に寄与していると考えられるニュートリノ加熱メカニズムについて述べる．中心部から放出されるニュートリノの一部は衝撃波背面の物質に吸収されて加熱に寄与して衝撃波の復活へ向けた後押しをする（図7.13）．

バウンス後 100 ms で衝撃波が停滞（質量座標で $1.38 M_\odot$ のところ）した時点での超新星コアの様子を図 7.14 に示した．初期状態の鉄コア（図7.1）と比べると，密度・温度・組成が大きく変わったことがわかるだろう．中心には，温度が高くニュートリノを大量に蓄えた中性子星の原型（原始中性子星）がすでに誕生している．準静水圧平衡[7]となった星の中心は核物質密度を超えており，圧縮と衝撃波により高温となって鉄が分解された後の主たる組成は陽子と中性子である．原始中性子星の表面[8]（$\rho \sim 10^{11}$ g/cm^3）からはニュートリノが放出されており，ニュートリノ数が減るにつれてレプトン数比は下がり，陽子（中

---

[7] 静水圧平衡を保ちながら徐々に構造が変化して熱的進化をする状態．
[8] この時点で明確な表面は決められないが，ここでは典型的なニュートリノ球の位置とする．

7.5 ニュートリノ加熱による衝撃波の復活

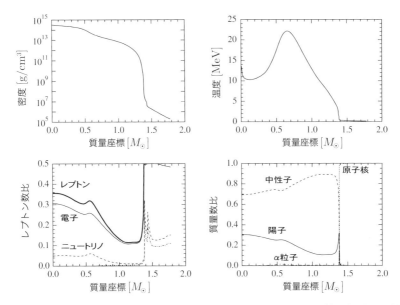

図 7.14 コアバウンス後 100 ms における超新星コア中心部の構造．（左上）密度，（右上）温度，（左下）レプトン数比，（右下）組成（質量数比）を質量座標の関数として示した．

性子）の割合が減る（増える）ことにより，この後も中性子星に近づいていく．

　ニュートリノ放出は原始中性子星表面付近にある物質の冷却に寄与している．放出されたニュートリノの一部は，衝撃波背面の陽子・中性子による吸収反応（式 5.33, 5.34）により，物質の加熱に寄与する．図 7.15 には横軸を半径とした密度・温度と加熱・冷却率の分布を示した．中心には準静水圧平衡になった原始中性子星があり，外層から物質が自由落下して降り積もっている．衝撃波は 150 km 付近で停滞している．原始中性子星の表面付近の温度は 5 MeV 程度であり，ここから放出されたニュートリノが衝撃波背面の温度 1–2 MeV の物質を温めている．物質の加熱による圧力増加は衝撃波を外向きに押し出すことに寄与する．この加熱が十分であれば，停滞した衝撃波が復活して外へ向かって伝播し，鉄コアを脱して爆発へと繋がることとなる．

　このメカニズムは，1980 年代に Wilson らにより行われた数値シミュレーショ

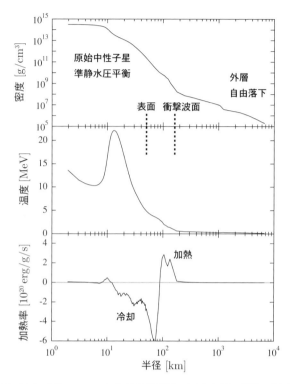

図 7.15 コアバウンス後 100 ms における超新星コア中心部の構造．（上）密度，（中）温度，（下）加熱・冷却率．横軸は半径である．

ンで発見[9]され，のちに Bethe らにより「ニュートリノ加熱メカニズムによる停滞衝撃波の復活」として物理的解釈の提案がなされた．図 7.16 は，Wilson らによるシミュレーション結果における流体の振舞いを示したものである．バウンス（時刻ゼロ）で打ち上げられた衝撃波（上の破線）は，200 ms 後からは外へ進まなくなるが，500 ms 後のころに衝撃波が復活して，再び外へ向かい

---

[9] Bethe [34]（および伝聞）によれば，Wilson が偶然にも計算機を夜間も放置して帰ったため，通常よりも十分に長い時間発展（0.5 s 以上）を追うことができて，衝撃波が復活していたのを発見した，とのことである．大型コンピュータが珍しかった当時から米国の国立研究所における計算機資源が豊富かつ柔軟な運用であったことが伺われる．当時の競争相手であったドイツの Hillebrandt 氏から筆者が聞いたところによると，ドイツでは計算資源の制限があり長く追うことができず爆発しなかったが，自分たちも長く計算すれば爆発を発見することができたはず，だそうである．

7.5 ニュートリノ加熱による衝撃波の復活

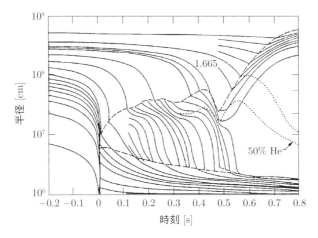

図 7.16 Wilson らによる超新星シミュレーションでの遅延爆発の例．流体素片の半径方向の位置を時間の関数として示してある．時刻はバウンス時を 0 としている．上の破線は衝撃波の位置，下の破線はニュートリノ球の位置を表す [29]．

爆発へ繋がっている．バウンス後に流体力学的に即座に爆発するのではなく，500 ms ほども時間が経ってから遅れて爆発しているので，即発爆発（prompt explosion）と対比して遅延爆発（delayed explosion）と呼ばれるようになった．

復活までにかかる時間が長い理由は，ニュートリノ加熱により衝撃波背面を十分に温めるのに時間がかかるためである．衝撃波が停滞している間にも，中心部には原始中性子星が誕生して静水圧平衡へ向かっており，衝撃波を通過した物質が表面に降り積もっている．ニュートリノ球（図 7.16 下の破線）から出たニュートリノは降着物質に当たって一部が吸収されて加熱に寄与するが，落下を続ける中で加熱を行うため，加熱の効率はあまりよくない．ニュートリノ吸収が起こる前に落下してしまうと衝撃波背面の加熱に寄与することができない．一方，原始中性子星へ物質が降着すると温度が高まり，ニュートリノ放出を増加させるため，物質降着はニュートリノ加熱に寄与する方向へも働く．

このように，ニュートリノ加熱は様々な要因により影響を受けており，その合算した結果として爆発を引き起こすかどうかが決まる．加熱量の計算は単純ではないが，加熱する物質の質量 ΔM，時間 Δt に対して

146　第 7 章　重力崩壊から爆発まで

$$E_{\nu-\text{heating}} = 2.2 \times 10^{51} \left(\frac{\Delta M}{0.1 M_\odot} \right) \left(\frac{\Delta t}{0.1\,\text{s}} \right) \text{erg} \qquad (7.8)$$

と見積もられており，爆発エネルギーと同程度の規模になっている．爆発が有利になるためには，ニュートリノ加熱の対象となる領域が大きく，長い時間にわたり継続する方がよい．もちろんニュートリノ放出量も大きい方がよいが，これらを勝手に決めるわけにはいかない．加熱量を詳細に決めるには，原始中性子星から放出されるニュートリノ量（エネルギースペクトル・光度，種類による違い等），ニュートリノ照射の標的となる物質量（組成・滞留時間等），そして吸収反応過程を調べる必要がある．これが 6.3 節で見たようにニュートリノ輻射輸送を緻密に扱う必要がある理由である．

　遅延爆発とニュートリノ加熱という 2 つのパラダイムを生み出した Wilson の爆発シミュレーションだが，計算結果の詳細をそのまま採用できる，と信じている人は現在の超新星研究分野においてほとんどいない．重力崩壊から爆発までの道のりを示したという意味で，長い間に象徴的な意味を持つ結果となっていて，「伝説のシミュレーション」のような存在となっている．その理由は，計算コードの中身が論文において十分に公表されておらず [10]，特殊な条件（特別な状態方程式を採用，対流によるニュートリノ光度の増加を考慮など）のもとで得られた爆発と考えられているためである．しかし，提唱されたニュートリノ加熱メカニズムは非常に本質的なところを突いており，多くの研究者が爆発モデルを解析するうえでの基礎的な考え方となっている．

　ニュートリノ加熱により遅延爆発が起きるのかどうか，Wilson 以来の問いかけに正しい答えを得るまでには，長年の数値シミュレーションによる研究の努力を要することとなった．論争に決着を付けるためには，ニュートリノ輻射輸送計算を精密に扱うことが不可欠であり，大規模計算を実現するスーパーコンピュータを必要としたためである．また，状態方程式・ニュートリノ反応についても，可能な限り信頼できるものを採用しなければならない．これらを取り込んだ球対称における詳細なシミュレーション計算は 2000 年代になってようやく実現した．その結果は「球対称においては衝撃波は復活せず爆発しない」と

---

[10] 輻射流体計算コードは実は核爆発などの分野でも用いられる．Wilson が所属したリバモア国立研究所は核兵器や核融合などの分野を扱う場所であったので，国家の安全に関わることとして非公開の内容だったようである．

いうものであった（詳細は 8 章）．当時，世界の各グループで球対称における
ニュートリノ輻射流体計算が実現可能となり，重力崩壊・コアバウンスを経て
停滞した衝撃波が復活するかどうか，競って調べることが行われた．様々な質
量の親星（初期条件）からスタートすることや核物理（状態方程式・ニュート
リノ反応）の依存性なども調べられたが，どれも爆発はしなかった[11]．

7.6 多次元における爆発へ

　球対称では爆発しないことが明確になったため，爆発は多次元的な効果によ
り引き起こされることが確実視されるようになった．流体力学的不安定性によ
り起こる現象が爆発ダイナミクスを変えうることは以前から知られていたが，
球対称における計算結果（不発）により，多次元効果は堂々の主役へと躍り出
た．現在では，2 次元・3 次元における数値シミュレーションにより爆発する例
が示されており，様々な多次元効果のうち何が爆発の引き金として最重要な要
因なのかを明らかにするのが課題となっている．

　ここではニュートリノ加熱の観点から多次元効果について見てみよう（図
7.17）．球対称で爆発しなかった理由の一つは，外部コアの物質が降着する速度
が大きいためにニュートリノ加熱を起こす時間が短すぎたことにある．衝撃波
背面で十分に加熱を受けるためには，その付近に長く滞留している必要がある．
重力圏脱出に必要なエネルギーを得るまでにかかる加熱時間 t_{heat} は，重力によ
る束縛エネルギーと加熱率 Q_ν から

$$t_{\mathrm{heat}} = \frac{GM}{r} \frac{1}{Q_\nu} \tag{7.9}$$

であり，移流時間 t_{adv} は，衝撃波の位置 R_{shock} からゲイン半径 R_{gain}（加熱領
域の下限半径）までの距離を落下の速さ $|v_r|$ で割った

---

[11] 筆者は，自ら状態方程式テーブルを構築して準備を整えて，球対称の範囲で第一原理
計算である，一般相対論的ニュートリノ輻射流体計算を行ったが，バウンスから 1 秒
という非常に長い時間を追っても衝撃波が復活することはなかった．現在までのとこ
ろ，質量が軽く特別な条件を持つ親星の場合，あるいは状態方程式が特別な場合など
を除いて，球対称の範囲で爆発は再現されないというコンセンサスに達している．

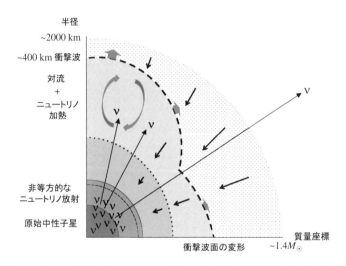

図 7.17 超新星メカニズムの概略（その 6）多次元効果とニュートリノ加熱．流体力学的不安定性（対流など）により加熱領域における物質の滞留時間が長くなれば，ニュートリノ加熱の効率がよくなり，衝撃波がさらに外側へ伝播し爆発へ繋がる．

$$t_\mathrm{adv} = \frac{R_\mathrm{shock} - R_\mathrm{gain}}{|v_r|} \tag{7.10}$$

で評価される．球対称計算の例で見積もってみると加熱時間は $t_\mathrm{heat} \sim 10^{-1}$ s であり[12]，移流時間は $t_\mathrm{adv} \sim 10^{-2}$ s である[13]．つまり，加熱時間よりも移流時間の方が短いため，動径 (r) 方向に沿って落下する間に十分に加熱することができない．このためニュートリノ加熱により爆発を起こすことができない結果となっていた．

　一方，多次元計算においては流体ダイナミクスが異なり，物質の降着が（球対称の場合に比べて）ゆっくりと起こる場合がありうる．例えば，対流（6.2 節）が起きているときには，非動径方向に流れる領域があり，そこでは降着時間が長くなり加熱時間の方が短くなる．つまり，衝撃波背面において物質が滞留する時間が長くなり，加熱する時間を稼ぐことができる．また，衝撃波の停滞位置

---

[12] $M \sim 1.4 M_\odot$, $r \sim 100$ km$= 10^7$ cm のとき，束縛エネルギーは $GM/r \sim 2\times 10^{19}$ erg/g である．加熱率は $Q_\nu \sim 2 \times 10^{20}$ erg/g/s（図 7.15 より）とした．
[13] $R_\mathrm{shock} - R_\mathrm{gain} \sim 50$ km $= 5 \times 10^6$ cm の間を $|v_r| \sim 5 \times 10^8$ cm/s の速さで落下するとした．

7.6 多次元における爆発へ

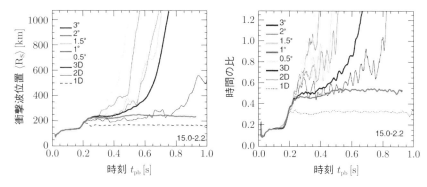

図 **7.18** バウンス後の衝撃波ダイナミクスを追う数値シミュレーションの例．衝撃波の位置（左）と移流時間と加熱時間の比 $t_{\rm adv}/t_{\rm heat}$（右）を 1 次元球対称（破線・点線），2 次元軸対称（細線），3 次元（太線）の場合について示してある．横軸はバウンス後の時刻．同種の線が複数ある場合は空間解像度（角度 θ 方向）が違う例である（[35] の図より一部使用，口絵 2 参照）．

が球対称ではなくなり，非対称に遠くまで衝撃波が到達する方向があれば，そこから降着する物質の移流時間は長くなり加熱時間を稼ぐことができる．このように加熱効率がよくなった領域（方向）でまず衝撃波を復活させて，それを種として全体の爆発へと転じていくのである．

このような多次元ダイナミクスの影響により，移流・加熱時間が大きく変わると爆発する可能性がある．図 7.18 は，衝撃波が復活するか否かを調べた数値シミュレーションによる例である．コアバウンス直後の同じ初期条件からスタートして 1 次元（球対称），2 次元（軸対称），3 次元の場合にニュートリノ加熱のもとで衝撃波ダイナミクスの振舞いを調べている．まず 1 次元（破線）の場合では，衝撃波は半径 200 km 弱において停滞したままで爆発しない（左図）．このとき，移流時間と加熱時間の比 $t_{\rm adv}/t_{\rm heat}$ を見ると 0.3 程度（点線）にとどまり，移流時間が短すぎてニュートリノ加熱が間に合わないことがわかる（右図）．一方，同じ計算を 2 次元（細線）で行うと，300–500 ms のころに衝撃波が復活して，その位置が半径 400 km を大きく超えて爆発へと転じている．この場合，移流時間と加熱時間の比は途中から大きくなり 1 を超えており，加熱できる時間が十分に長くなることがわかる．つまり，ニュートリノ加熱が衝撃波復活に大きく寄与している．さらに，3 次元（太線）にすると，爆発がもっと有

150   第 7 章　重力崩壊から爆発まで

利になるのかと期待するのだが，実は単純ではない．3 次元でも爆発する場合
があり，その場合の時間比は 1 を超えているが，この研究では空間解像度を上
げていくと，爆発せず時間比も小さくなってしまう結果であった．このような
2 次元と 3 次元の違いは最先端の研究課題である（8.3 節）．はっきりとわかる
のは 1 次元（球対称）の場合には時間比が小さいままで爆発は難しいが，多次
元になると時間比が大きくなる可能性があり，ニュートリノ加熱する時間が十
分にあれば爆発を起こす例が見られるということである．図 7.18 の例はニュー
トリノ輻射輸送などを簡単化した数値実験による結果であるが，より厳密な数
値シミュレーションにおいても，球対称では爆発しないが，同様の計算を多次
元にした場合に爆発する例が多く示されている．

　このように，多次元効果とニュートリノ加熱メカニズムは協同して働いてお
り，爆発を左右する重要な要因であることは間違いない．むろん様々な親星の
場合について同じメカニズムで爆発が起こるかどうかはもっと調べてみなけれ
ばわからない．どのような流体不安定性が起こって加熱メカニズムの効率を変
えるのかについては，多次元においてニュートリノ輻射輸送と流体力学を解か
なければ，その様子を解明することはできない．あるいは，ニュートリノ加熱
は重要ではなく，流体力学的な不安定性だけで爆発するのかもしれない．最終
的に何が爆発の主たる原因であるかは，今のところ結論づけることは難しく，今
後の進展を待たなければならない．より最近のシミュレーション計算における
多次元爆発メカニズムについては 8.3 節で詳しく述べることにする．

7.7　原始中性子星の誕生と超新星ニュートリノ

　衝撃波が鉄コア表面まで到達することができれば，さらに外側の薄い層を吹
き飛ばして超新星爆発となる．後に残されるのは，中心にある高温高密度天体
とその周辺で起きる元素合成過程で作られた少量の物質である．誕生した原始
中性子星からはニュートリノが大量に放出される．その一部はニュートリノ加
熱に用いられ，元素合成にも影響を及ぼすが，大部分は宇宙へ向けて逃げ出し
ていく．これらが，超新星 SN1987A の際に地上で観測された，超新星ニュー

7.7 原始中性子星の誕生と超新星ニュートリノ

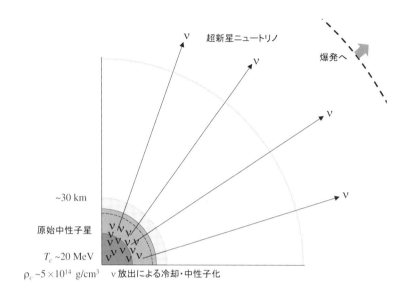

図 7.19 超新星メカニズムの概略（その7）原始中性子星と超新星ニュートリノ．爆発の後に誕生した原始中性子星は温かくニュートリノを大量に含んでいる．ここで数10秒にわたって放出されるニュートリノが超新星ニュートリノのほとんどである．ニュートリノ放出により物質は冷却していき，陽子から中性子へと変換が進み，やがて冷たい中性子星となる．

トリノである．ニュートリノ放出により原始中性子星の熱が持ち去られるとともに内部組成も変化していき，やがて冷たい中性子星へと落ち着いていく．この際に放出される超新星ニュートリノは内部物質の性質を反映しており，状態方程式を探る手がかりとなっている．以下では，どのように原始中性子星から中性子星へと進化し，どんな超新星ニュートリノが放出されるのかを見ていこう（図7.19）．

進化のスタートはバウンス直後からである．バウンス後 100–300 ms のころは物質降着が続いており，半径 100 km 近い大きさの中心領域が収縮しながら中心天体を成し，1 s ごろには準静水圧平衡となった原始中性子星が誕生する．この時点までに衝撃波は復活して爆発へ転じており，物質の降着が止まり質量も確定しているはずである[14]．

---

[14] もしも降着が止まらなければ質量が増加し続けて，やがて限界質量に達してブラックホールになってしまう（8.4節）．

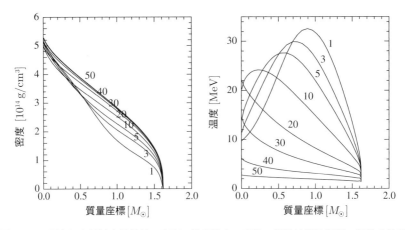

図 7.20 誕生した原始中性子星の密度・温度分布の変動.横軸は質量座標.原始中性子星冷却の数値シミュレーションによる熱的進化の様子.番号は誕生時からの時刻 [s].初期条件は超新星爆発シミュレーションにおけるバウンス後 0.4 s に対応する(鈴木英之氏提供データによる [27, 36]).

　原始中性子星は準静水圧平衡にあるので,ニュートリノ拡散・放出による冷却を考慮した数値シミュレーションにより構造変化・熱的進化を探ることができる.このとき,原始中性子星から放出される超新星ニュートリノの性質(平均エネルギーや光度など)を予測することもできる(後述).誕生した原始中性子星が冷たい中性子星へ向かって熱的進化する様子を図 7.20, 7.21 に示した.原始中性子星の中心の密度は核物質密度を超えており,温度は 10 MeV 以上と高温高密度の核物質となっている.内部に閉じ込められたニュートリノは高温高密度物質の中を密度勾配に沿って拡散により徐々にしみ出していき,表面(ニュートリノ球)から放出されていく.この拡散現象により決まるニュートリノ放出の時間スケールは 20 s 程度である(5.4 節).この間に原始中性子星全体の温度は下がっていき,密度が高くなるとともに半径も 10 km 程度へとコンパクトになっていく.

　超新星ニュートリノを放出する間には陽子が減って中性子の割合が高まるので,組成についても最終的な中性子星の方向へと向かっている.図 7.21 に示したように,原始中性子星内部のはじめの電子数比は 0.3 程度であり,まだ陽子の割合が比較的多い状態である.内部にはニュートリノが閉じ込められているた

7.7 原始中性子星の誕生と超新星ニュートリノ

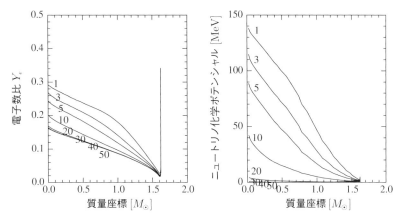

図 7.21 誕生した原始中性子星の電子数比・ニュートリノ化学ポテンシャル分布の変動. 表記は図 7.20 と同様 [27, 36].

め,ベータ平衡のバランスは $\mu_e + \mu_p = \mu_{\nu_e} + \mu_n$ で決まっており,ニュートリノ縮退のため陽子から中性子への転換は抑制されている. 放出によりニュートリノが逃げていくと,ニュートリノ化学ポテンシャルは減少していき,フェルミ面が下がり縮退が弱まる. これにより中性子への転換が進むようになるため,電子数比は小さくなり,陽子がわずかで中性子が多い状態の中性子星へと近づいていく. 最終的にはニュートリノを含まない ($\mu_{\nu_e} = 0$) ベータ平衡 $\mu_e + \mu_p = \mu_n$ に達して冷えた中性子星の組成に落ち着く.

ここからは超新星ニュートリノの性質を見ていこう. 超新星の爆発メカニズムで放出されるニュートリノ全体が観測される超新星ニュートリノとなる. その性質は,超新星ダイナミクスの各段階における中心コアの状態を反映しており,爆発メカニズムを探る手がかりでもある. 重力崩壊から爆発,そして原始中性子星誕生まで,段階を追ってその特徴を見てみよう.

図 7.22 に重力崩壊からコアバウンス・衝撃波伝播までに放出されるニュートリノ光度と平均エネルギーの時間変化の例を示した. 左図の光度は全方向に放出される単位時間あたりのエネルギーである. 重力崩壊の際に原子核の電子捕獲反応で生成される電子型ニュートリノがバウンス以前から放出されている. コアバウンス時刻付近で現れている鋭い光度のピークは,中性子化バーストと呼

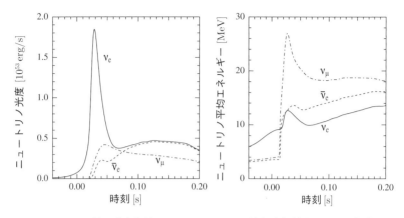

図 7.22 $15M_\odot$ の星の重力崩壊からコアバウンス・衝撃波伝播までの際に放出されるニュートリノの光度（左）・平均エネルギー（右）の時間変化．実線，破線，一点鎖線はそれぞれ，電子型ニュートリノ，電子型反ニュートリノ，ミュー型ニュートリノを表す．時刻はバウンスを基準にした [37]．

ばれている．衝撃波がニュートリノ光球面を通過した際に陽子に対する電子捕獲反応による電子型ニュートリノが急激に放出されることに起因している．電子型反ニュートリノやミュー型・タウ型[15] のニュートリノ（および反ニュートリノ）はバウンス後しばらくしてから光度が増加している．これらのニュートリノは高温において電子・陽電子対消滅過程で生成されるため熱ニュートリノとも呼ばれる．少し遅れて増加するのは中心部の温度が上がってから発生・拡散して出てくるためである．電子型ニュートリノ（および反ニュートリノ）は原始中性子星に物質が降着した際に温度が上がり発生する成分もあり，これらはニュートリノ加熱の効率を上げることに寄与する．

一方，右図のニュートリノの平均エネルギーはバウンス時刻から増加している．平均エネルギーはニュートリノが放出されるニュートリノ球付近の環境（温度・化学ポテンシャル）をおよそ反映している[16]．例えば，化学ポテンシャルゼロのフェルミ分布からニュートリノの平均エネルギーを計算すると $\langle \varepsilon \rangle \sim 3T$

---

[15] 電子型以外の 4 種のニュートリノ（$\nu_\mu, \bar{\nu}_\mu, \nu_\tau, \bar{\nu}_\tau$）は，ほとんど同じ反応過程を経ており，同じ光度・平均エネルギーで放出される．

[16] 正確には，エネルギー分布は必ずしも各点での温度・化学ポテンシャルにより決まる Fermi 分布とは一致しておらず，ニュートリノ輻射輸送によって決まる少し歪んだ分布をしている．

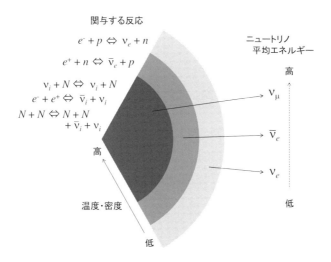

図 7.23 超新星ニュートリノの種類とエネルギー階層. 電子型ニュートリノ, 電子型反ニュートリノ, ミュー型・タウ型ニュートリノで平均エネルギーが異なっているのは, 関与する反応に依存して, 放出される領域が異なるためである.

であり, ニュートリノ光球付近の温度は ~ 5 MeV と推測できる. このように超新星ニュートリノの性質から原始中性子星内部の様子を探ることができる.

平均エネルギーはニュートリノ種類によって異なり, 高い方から, ミュー・タウ型ニュートリノ, 電子型反ニュートリノ, 電子型ニュートリノとエネルギー階層ができている. この階層は, ニュートリノの種類により主たる反応過程と反応頻度が違うため, 光球の位置が各々異なるために起きている. 図 7.23 に示すように, 電子型ニュートリノは, 電子が関与する反応(式 5.23, 5.33)が低密度(外側)まで起こるため, 平均エネルギーが低くなっている. 電子型反ニュートリノは, 陽電子が関与する反応(式 5.24, 5.34)が温度の高いところで起こるので, 高密度(内側)に光球があり, 平均エネルギーが高くなっている. ミュー型・タウ型では関与する反応が少なく, 主に中性カレント反応により決まる光球はさらに内側にあり, もっとも高い平均エネルギーとなっている. こうしたニュートリノエネルギーの階層は, 観測される超新星ニュートリノの特徴として重要な情報となる. また, 元素合成過程において陽子・中性子・生成物の組成比を決める要因となっている.

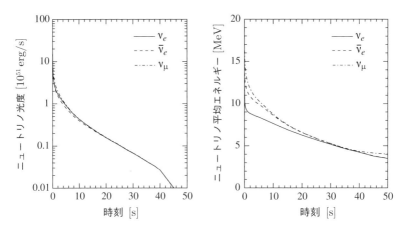

図 7.24 原始中性子星の冷却過程で放出されるニュートリノの光度(左)・平均エネルギー(右).横軸は誕生時からの時刻(図 7.20 に対応,鈴木英之氏提供データによる [36]).

次に,誕生した原始中性子星からの超新星ニュートリノを見てみよう.バウンス後 1 s になると降着による成分はなくなり,原始中性子星内部からの拡散による成分のみが放出される(冷却フェーズと呼ぶ).図 7.24 のように,原始中性子星が徐々に冷えていくのを反映して,ニュートリノの平均エネルギーと光度は時間とともに単調減少している.コアバウンス前後に比べると長い時間 (~ 10 s 以上)にわたって継続しているので,超新星ニュートリノにおける放出エネルギーと個数においては冷却フェーズが主な成分となっている.このように内部に溜まった熱ニュートリノが拡散して流出することにより,重力による束縛から得た 10^{53} erg 程度のエネルギーがニュートリノとして放出される.1987 年の超新星で観測された 10 秒ほどに散らばった検出イベントも原始中性子星冷却から来たものが主と考えられる.平均エネルギーにおけるニュートリノ種類ごとの違いは時間が経つにつれて小さくなっている.原始中性子星の冷却とともに構造がコンパクトになり密度分布の傾きが険しくなって光球位置の違いが小さくなるためである.

冷却フェーズ後半において,原始中性子星の収縮が進んで密度が高くなると状態方程式の影響が顕著になってくる(8.4 節).状態方程式が柔らかい場合には中心密度が高くなり内部の温度が上がるため平均エネルギー・光度も高くな

る傾向がある．また，中心密度が高くなり中性子の割合が上がるためハイペロンやクォークなどが出現すると平均エネルギーや光度に違いが現れる．つまり，核物質からエキゾチック物質への変化を探る可能性も秘めている．

このように，重力崩壊から原始中性子星冷却までの間に放出されるニュートリノは，超新星コアにおけるダイナミクス・構造・状態方程式の情報を運んでいる．将来，再び超新星ニュートリノが地上で観測される際には超新星内部の詳細な情報が得られると期待される．このためには，爆発ダイナミクスを探ると同時に放出ニュートリノの予測データを提供することも重要である．図 7.25 には星の重力崩壊開始から原始中性子星誕生までの構造変化と超新星ニュートリノの様相をまとめた．半径 10^4 km もある星がつぶれて，最後には半径 10 km の中性子星になる．この間にコアバウンス・衝撃波伝播・原始中性子星冷却に伴う超新星ニュートリノが放出される．観測されるニュートリノの性質について次章でさらに詳しく見ることにする．

この章では，鉄コアの重力崩壊から爆発が起きて中性子星が形成される場合について基本シナリオを見てきた．質量や回転など親星の違いにより，爆発シナリオや誕生する中性子星の性質は異なるものになる可能性もある．場合によっ

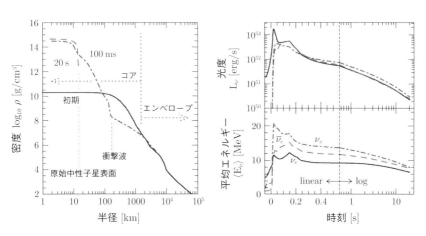

図 **7.25** 親星から原始中性子星までの構造変化と超新星ニュートリノの性質．（左）親星の鉄コア（初期条件），コアバウンス後 100 ms, 20 s の原始中性子星における密度分布．横軸は半径．（右）ニュートリノ光度（上）・平均エネルギー（下）の変動．横軸はコアバウンスを基準とした時刻 [38]．

ては爆発せずにブラックホールになってしまう場合もありうる．どのような親星から中性子星・ブラックホールになるのか，違いを明らかにするのも数値シミュレーションによる研究の重要な課題である．爆発が起きる・起きないの運命を明確に定めるためには，ニュートリノ・核物理や計算方法における不定性を排して，揺るぎない信頼度で数値シミュレーションを行う必要がある．また，4.5 節で述べたような，観測されている中性子星の質量分布，パルサー周期，移動速度（パルサーキック）などに対応する値が得られるか，観測されている元素合成量が再現できるか，なども爆発メカニズム解明と並ぶ課題として残されている．

第8章 爆発メカニズムの解明へ向けて

　様々な困難を乗り越えて衝撃波が鉄コア表面に達すれば，さらに外層を吹き飛ばして明るく輝く超新星爆発となる．その輝きはやがて失われて星は一生を終えるのだが，超新星現象では同時に様々なものが生み出されており，宇宙空間へと新たな寄与をもたらしている．中心で高密度天体が誕生するとともに，外層では原子核反応により新たな元素が作り出されて宇宙空間へとまき散らされる．爆発的な元素合成過程は元素の起源の一つであり，合成される元素の種類や量は，我々の地球・太陽系に存在する元素の組成比に深く関わっている．また，爆発時に大量に放出される宇宙線は内部の情報を運んでおり，中でもニュートリノと重力波は光では見えない中心コアのダイナミクスや状態を知るうえで貴重なシグナルである．これらの超新星からのメッセージを検出すべく，様々な地上検出実験施設が待ち構えている．

　超新星爆発の観測データと照らし合わせて，どのような性質の星が爆発するのか，元素合成量や放出シグナルを予測して超新星メカニズムの全容を明らかにしたい．ここまで見てきたように，超新星爆発は，核物理・ニュートリノ・流体ダイナミクスの絶妙な組合せで起きている．多次元的に起こる爆発メカニズムを解明するには，最先端のニュートリノ・核物理をつぎ込んだ大規模数値シミュレーションが必要となる．スーパーコンピュータ技術の進歩とともに革新的な爆発計算が行われるようになり，次々と新事実が明らかになってきている．最先端のスーパーコンピュータを用いて究極の爆発計算を行うために，計算科学技術がつぎ込まれている．様々な天文・宇宙観測施設における観測，素粒子・原子核実験施設における実験，数値シミュレーションによる研究の最前線と将来について見ていこう．

160　第 8 章　爆発メカニズムの解明へ向けて

8.1 爆発エネルギーと重元素合成

　超新星は宇宙における元素の起源としての重要な役割を担っており，爆発的な
状況の中で多種多様な元素が作られて放出される．作られたばかりの元素（原
子核）の一部は明るく輝くエネルギー源ともなり，後に残される元素の組成比
は超新星の個性を表す記録でもある．星の進化において核融合により鉄までは
元素合成過程が進むが，鉄以降の重元素の多くは超新星のような極限的な環境
でなければ合成することができない（2.4 節）．超新星コアの中心部は中性子過
剰な状況にあるので，金やプラチナなどを作る r プロセス元素合成過程が起き
る候補地である．また，鉄よりも原子番号の小さい元素も多く生成されており，
超新星は周期表に並ぶ元素の多くに関与しているといっても過言ではない．例
えば，超新星の残骸であるカシオペア A[1] の X 線観測では，鉄，シリコン，硫
黄などの元素が同定されており，元素が爆発時に作られたことが読み取れる（図
1.3 右）．本書で扱っている重力崩壊型超新星のほか，熱核反応型超新星におい
ても鉄周辺の元素が多く作られることがわかっており，複数の種類の超新星爆
発による元素合成により，我々の宇宙における元素組成が豊かになっている．

　それぞれの超新星爆発がどの元素をどれくらいの量作り出すのかは，天文観
測と理論的予測を照らし合わせて解明がなされている．爆発の際に物質中で起
こる元素合成過程を記述するには，流体ダイナミクスとともに原子核反応ネッ
トワーク計算を行い，親星の構造に基づいた理論的な元素合成量を求める．鉄
コアを抜けた衝撃波が親星の外層を通過する際には，物質の温度が急激に上が
るため，様々な核反応が起きて新たな元素が作られる．図 8.1 のように，最深部
（鉄コアから中性子星となる部分のすぐ外側付近）では，衝撃波通過時の温度が
十分に高くなるため，（鉄コアが形成されるときのように）核統計平衡（NSE）
に達して ^{56}Ni などの鉄族元素が多く作られる．さらに外側では温度上昇が十分
でないため核反応による合成過程が途中まで進み，ケイ素，マグネシウム，酸
素などの多くの元素がピーク温度に応じて作られる．温度が高いほど，クーロ
ン反発を越えて原子番号の大きい元素を作ることができる．このようにして，

---
[1] 1680 年ごろに起きた超新星と考えられるが，明確な観測記録はほとんど残っていない．

8.1 爆発エネルギーと重元素合成

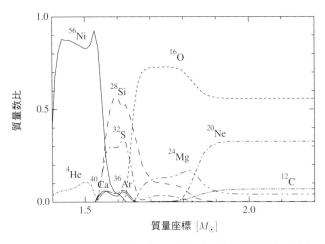

図 8.1 質量 $15M_\odot$ の星における爆発後の元素組成．中性子星となる部分 ($\sim 1.4M_\odot$) より外側について，質量組成比を質量座標の関数として示してある（冨永望氏データ提供による）[39, 40]．

様々な質量・金属量を持つ親星において爆発的元素合成により作られる元素量パターンが爆発エネルギーに対応して求められる．

これらの元素合成量による予測情報と，超新星観測により得られる光度曲線とスペクトルを比較することにより，どのような親星がどんな爆発をしたのかが推定される．それぞれの元素は電子のエネルギー準位により決まる固有のスペクトルを持っているので，超新星からの光を波長に分けて分光することにより，どのような元素が含まれているかを決定することができる．超新星は，スペクトルにおける水素線の有無で大別されるほか，ケイ素・ヘリウム線の有無によりさらに分類がなされており，観測データは親星の性質（外層の状態）や爆発メカニズムと関連づけられている．また，超新星が明るくなって暗くなるまでの，光度の時間変化（光度曲線）にも特徴があり，スペクトルと合わせて分類がなされる[2]．

超新星が数ヶ月などの長期間にわたって光り輝き続ける源は，爆発的元素合

---

[2] 超新星が可視光で見て明るくなり暗くなる過程は，親星の外層構造とエネルギー源，衝撃波伝播および輻射輸送過程に依存し，超新星の型により異なる．超新星の天文観測的な面についての詳細は専門書を参照されたい．

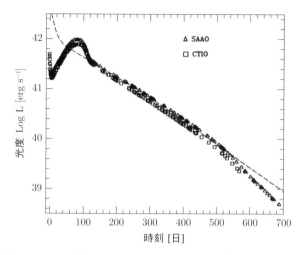

図 8.2 超新星 1987A の光度曲線（放射光度と経過日数の関係）．観測による光度（点）が減衰する時間スケールと ^{56}Ni の崩壊による理論予測（破線）は一致する [41]．

成で作られた放射性元素にある．不安定な原子核が崩壊を起こして長い期間にわたって放射線（ガンマ線，陽電子など）を出し続けるのがエネルギー源である．とりわけ高温時に作られた ^{56}Ni の合成量が重要である．^{56}Ni が半減期 6 日で崩壊してできる ^{56}Co は半減期 77 日を持っている．図 8.2 に示したのは，1987 年の超新星爆発における光度曲線の例である．超新星が暗くなっていく際の光度曲線の指数関数的な減衰の時間スケールは，この半減期と一致しており，超新星の光度のエネルギー源が新しく作られた元素にあることがわかっている．

こうした観測と理論に基づいて多くの超新星を調べることにより，星がたどる運命についての系統性や新しい現象が見えてくる．図 8.3 は，超新星の光度曲線・スペクトル観測データと爆発シミュレーション計算結果の比較により得られた，親星の質量の関数として爆発エネルギー（放出物質の運動エネルギー）と放出される ^{56}Ni の質量を示したものである [42]．$20 M_\odot$ 程度の質量を持つ星は，$\sim 10^{51}$ erg の爆発エネルギーを持ち，質量 $\sim 0.1 M_\odot$ の ^{56}Ni を生成する．これが本書でメカニズムを詳細に述べている超新星爆発の観測データ解析から見た標準的な姿である．数値シミュレーションにより爆発を記述する際には，これらの事実も含めて再現しなければならない．さらに質量が大きい $40 M_\odot$ 程度

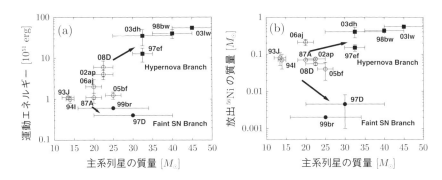

図 8.3　超新星観測データの理論的な解析により得られた，親星の質量と爆発エネルギーおよび放出される ^{56}Ni の質量の関係（田中雅臣氏提供）[42].

の星では，爆発エネルギーが $\sim 10^{52}$ erg より大きく，通常の 10 倍以上もあり，^{56}Ni も大量に生成する超新星も（頻度は小さいが）存在している．これらは極超新星（hypernova）と呼ばれており，ガンマ線バースト[3]に付随して発見された．その巨大な爆発エネルギーをもたらすメカニズムにはブラックホールや回転によるジェットが関与する（コラプサーなど）と考えられているが，その中心ダイナミクスは未解明である．一方，爆発エネルギーが $\sim 10^{51}$ erg よりも小さく，^{56}Ni の量も極端に少ない暗い超新星（faint supernova）の例も見つかっている．こうした超新星では中心天体の質量が大きい（おそらくブラックホールが形成される）が，回転が弱いために強い重力により物質を放出しきれずに，一部物質が再降着してしまい，弱い爆発になってしまっていると思われる．この図では 2 つの分岐（hypernova vs faint supernova）に見えるが，さらに多数の超新星観測が進むにつれて，中間の領域（あるいはさらに広い領域）の例が見つかる可能性もあり，今後の系統的な探索と解析により全容の解明が進むことが期待される．このように超新星にも多様な種類があることが判明してきており，そのメカニズムの基本として重力崩壊型超新星爆発メカニズムを確立することが肝要である．

　超新星で起きる重元素合成過程のうち，中性子を急激に吸収して鉄以降の元素を合成する過程，r プロセス元素合成が起きるかどうかは長年にわたって我々

---

[3] 短時間にガンマ線が爆発的に放射される天体現象.

の興味を惹き続けている．中心に近いほど密度が高いので電子の縮退度が高く，中性子が過剰な環境にある（4.3 節）ので，超新星爆発の際に奥深くから物質が放出されれば，中性子過剰なもとで r プロセス元素合成が起こりうる．このためには即時爆発のように流体力学的に物質放出が起きる必要があるが，7 章で見たように，このような単純な爆発は難しい．それならば，ニュートリノ加熱による遅延爆発で起きるならばどうであろうか．この疑問に答えるべく Woosley らは Wilson の爆発計算（7.5 節）に基づいて r プロセスの研究を行った．当時の流体・ニュートリノの分布・時間発展データと元素合成の原子核反応ネットワーク計算を組み合わせた結果によると，たいへんよく r プロセス元素の存在量を説明することができた（図 8.4）．ここで観測量は r プロセス元素の太陽系組成比[4]と呼ばれる量である．r プロセス元素量は，1 回の爆発で $10^{-4} M_\odot$ 程度で爆発の頻度は 10^{-2} year^{-1} とすると，我々の銀河にある r プロセス元素量 $\sim 10^4 M_\odot$ を大まかに説明することができる．

このとき，元素合成過程のダイナミクスとして提案されたのはニュートリノ駆動風と呼ばれるもので，爆発の際に中心に誕生した原始中性子星の表面物質がニュートリノにより温められてわずかに蒸発して飛んでいく現象である．物

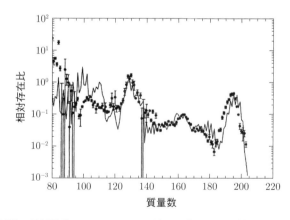

図 8.4　超新星の遅延爆発シミュレーション結果に基づいて計算された r プロセス元素合成の結果（線）は観測による太陽系組成比（点）とよく一致していた [43]．

---

[4] 太陽スペクトル・隕石・宇宙線などから求められた太陽系に存在する元素の平均的な組成比から r プロセス起源のものを導いた量．

質が放出される際には，一度，高い温度に達して陽子・中性子へとバラバラになり，その後，膨張するに従い温度が下がる中で急速に元素合成が進む．膨張が速いため，ヘリウムからほかの軽元素を経て，重元素の種がごく少量作られるのに対して，中性子が大量に存在[5]していればrプロセスが起きる．このように核子からrプロセス元素までを一気に作る方法は，重元素生成の過去の履歴によらず今も昔も同様にrプロセスが起きているならば，それと合致するものである．

　たいへんうまくいくと思われた Wilson-Woosley によるrプロセス元素合成だが，現在は結果をそのまま受け入れることはできない．ニュートリノ駆動風について詳細の研究が進むにつれてrプロセスが十分に起こるような好条件は実現されないことが判明している．ただし，ニュートリノ駆動風は超新星における重元素合成として重要な過程として位置づけられている．Wilson の爆発は伝説となったが，ニュートリノ加熱のアイデアが爆発メカニズムにおいて重要な鍵となったのと同様である．rプロセスがうまくいかない理由はいくつかあるが，とりわけニュートリノは大きな役割を果たしている．中心の原始中性子星からはニュートリノ放出が続いており，その外側で起きている元素合成過程における成分を変更する．陽子・中性子へとバラバラになったところへニュートリノを照射するため，両者の組成比は超新星ニュートリノにより決定される．5.5 節で述べたように反応式 (5.33) および (5.34) により，中性子の割合が決まる．Wilson による計算では電子型ニュートリノよりも電子型反ニュートリノの平均エネルギーが際立って大きく，物質が中性子化される傾向が強かった．しかし，最近の計算では両者の平均エネルギー差は小さいことが判明しており，2つの反応が拮抗して中性子と陽子の割合はほぼ等しい程度になってしまう．

　このため，現実的なニュートリノ駆動風計算によればrプロセスは起きても $A = 100$ 程度の軽い核だけであろう（弱いrプロセス）と考えられている．図8.5 は，原始中性子星の周りのニュートリノ駆動風における元素合成のシミュレーション計算を行ったものである．中心天体の質量を大きくすると $A \sim 200$（第 3 ピーク）までrプロセスが進む場合もあるが，標準的な値 ($1.4M_\odot$) では

---

[5] 例えば，鉄 1 つに対して中性子 200 個があれば，ウラン付近まで到達できる．ただし，実際には鉄を事前に用意するわけではない．

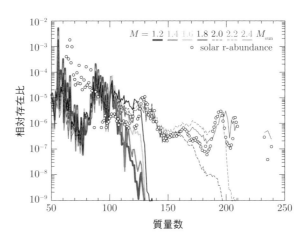

図 8.5 ニュートリノ駆動風における元素合成．理論による元素組成比（線）を太陽系組成比データ（点）と比較した．標準的な中心天体の質量が $1.4M_\odot$ 程度であると重い r プロセス元素はほとんど合成されない [44]．

$A \sim 100$ 程度までしか進まない．また，ニュートリノ照射は，爆発的な元素合成において新たな元素を作ることに効いているほか，物質に陽子過剰な状況をもたらす場合もあり，ニュートリノが関与する超新星ならではの特徴的な元素（^{138}La，^{180}Ta など）を生み出すと考えられている．つまり，元素の起源を探るうえでも超新星ニュートリノの性質を予測することが不可欠である．

一方，近年になって観測技術が進んだことにより，r プロセスの観測による解明も進んでいる．鉄などの金属量が少ない星のスペクトル観測により r プロセス元素が系統的に見つかるようになった．鉄の量が非常に少ない星（金属欠乏星）は，星や超新星による元素合成があまり進んでいないころに形成された，非常に古い星と考えられる．図 8.6 には金属欠乏星（CS 22892-052 という名前が付いている星の例）における元素組成比の観測値が示されている．実線は太陽系 r プロセス組成比をスケールした値であり，両者は広い範囲で非常によく一致している．古い星の組成比が現在の太陽系組成比とよく合うことから，宇宙の非常に古い時代においても，現在と同様に r プロセスが起きていたと推測される．超新星爆発は，十分に短い時間スケールで起きる天体現象であり，事前に種を用意せず核子から一度に作る元素合成が進むので，宇宙初期の重元素合

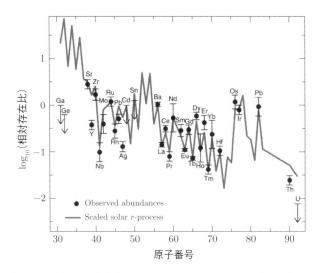

図 8.6　金属欠乏星の観測による重元素組成比（点）．太陽系 r プロセス元素組成比をスケールした値（線）とよく一致する [45]．

成場所として適当な候補と思われる．しかし，上述のような理由で標準的な重力崩壊型超新星においてすべての r プロセス元素を作ることは難しそうである．特別なタイプの超新星（磁気駆動型など）が r プロセスを起こす，あるいは一部の軽い r プロセス元素を作るなどの可能性も議論されており，ダイナミクスやニュートリノ反応の不定性も考慮して今後も慎重に調べていく必要がある．

　r プロセス元素を作る別の方法として，連星を成している中性子星同士が合体する際に放出される物質のもとで起きるというシナリオがある．中性子星の物質は元から中性子過剰であるので r プロセスが起こる条件としては十分であり，頻度は少ないが 1 回に放出される量が多いため全体量を説明するのにも適当である．最近になって，一般相対論的な数値シミュレーションによる中性子星合体の詳細なダイナミクスに基づいて太陽系組成と合致する r プロセス元素合成が起こることが示され，r プロセス起源の有力な候補となっている．また，新たに合成された重元素の不安定核が崩壊するエネルギーにより，特徴的な電磁波が遅れて放出されることが予測されており，実際に kilo nova などと名付けられた天体現象も見つかっている．こうした突発天体現象を，中性子星合体か

168　第 8 章　爆発メカニズムの解明へ向けて

らの重力波の検出と合わせて，様々な電磁波のバンドで観測することで r プロセス元素合成の現場を明らかにしようとしている[6]．

　超新星でできた元素は宇宙空間へまき散らされて，その物質をもとに次の星が誕生するという物質のサイクルが回り，我々の銀河は進化を続けて物質組成が豊かになってきた．宇宙初期に起きた第一世代の超新星で作られた重元素は，次に生まれた軽い星（寿命が非常に長い）に成分として含まれている．現在の宇宙では，金属量が非常に少ない（古い）星として観測されて，その星の成分には重元素が検出されることになる．超新星を通じて，宇宙初期に初めて誕生した星の性質や宇宙・銀河内に元素が作られていった履歴を明らかにするためにも，金属量が少ないものも含めて様々な親星における超新星で起きる爆発と元素合成量のパターンの全容を明らかにすることが重要である．

8.2　超新星ニュートリノと重力波

　ここまで見てきたように，超新星ニュートリノは爆発の鍵を握っており，元素合成にも影響を及ぼしている．その性質が観測的に明らかになれば，天体最深部や爆発メカニズムを探ることができる．1987 年に観測された超新星爆発では初めて超新星ニュートリノが検出されて全エネルギーなどの概略が明らかになった．現在，大規模なニュートリノ検出実験装置が世界各地で稼働しており，次の超新星爆発でニュートリノ放出が詳細に観測されれば，そのデータと理論予測を照らし合わせることにより超新星現象の詳細が明らかになるであろう．

　日本の岐阜県飛騨市神岡町の鉱山の地下 1000 m には，5 万トンの水を湛えたスーパーカミオカンデ検出器[7]が様々な起源のニュートリノを捉えるべく稼働している（図 8.7）．水タンクを囲むように光電子増倍管（光センサー）が大量に設置されており，ニュートリノが物質と反応して荷電粒子が弾き飛ばされた際に出るわずかな光を捉えて飛来したニュートリノを検出する．タンク内

---

[6] 2017 年 8 月 17 日に観測された連星中性子星の合体による天体現象の解析により，実際に r プロセス元素合成と電磁波放射の様子が明らかになった．

[7] 1987 年の超新星ニュートリノを検出したのは前身のカミオカンデ検出器であり，3 千トンの水タンクによる小規模なものであった．

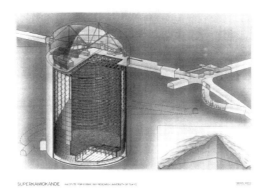

図 8.7 岐阜県神岡町の鉱山地下にあるスーパーカミオカンデ検出器の概略図(提供 東京大学宇宙線研究所 神岡宇宙素粒子研究施設).

の水分子に含まれる陽子が主な標的であり,例えば,反応式 (5.34) により陽電子が生成される過程を用いて電子型反ニュートリノを検出するとともにエネルギーを決定する.また,電子散乱や原子核反応を用いて異なる種類のニュートリノも検出できる.このようにニュートリノと物質の相互作用が重要な役割を果たしている.我々の銀河の中心付近(距離 10 kpc[8])で超新星爆発が起きると,スーパーカミオカンデ検出器では 8000 イベントほどのニュートリノが受かる[9]と予測されている.

このように十分な数のニュートリノ検出イベントがあれば,光度・エネルギーの時間変化やエネルギースペクトルの情報が得られ,異なる超新星モデルの違いを検証できるようになる.図 8.8 は,距離 10 kpc で超新星爆発が起きた場合のニュートリノ検出イベント数と平均エネルギーの時間変動の予測である.超新星のシミュレーション計算による計算結果はモデルごとに異なっているが,実際の観測データにより区別が可能になるだろう.7.7 節で見たように原始中性子星からのニュートリノの予測に基づいて,平均エネルギーの時間変化から中心部の温度を推定したり,状態方程式の情報を引き出すことも期待できる.また,親星の違う場合やダイナミクスが異なる例を発見する可能性もある.例え

---

[8] 1 pc(パーセク)= 3.262 光年.
[9] 距離の 2 乗に反比例するので,SN1987A のとき(11 イベント)と同じ大マゼラン雲(距離 50 kpc)で起きると約 300 イベントである.

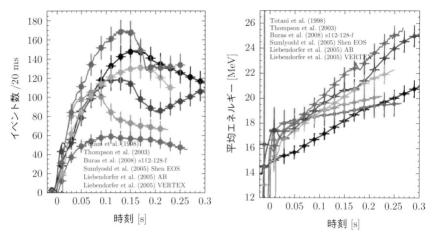

図 8.8 銀河中心で超新星爆発が起きた場合の超新星ニュートリノの予測データ．検出イベント数と平均エネルギーの時間変動がシミュレーション計算ごとに示されている（中畑雅行・小汐由介氏提供，口絵3参照）．

ば，質量が太陽質量の40倍の親星では，鉄コアが重すぎて爆発は起こらず，直接ブラックホール形成に繋がってしまう．このときに放出されるニュートリノは，継続時間が約1秒程度と短く，平均エネルギーは急増する特徴を持っている（8.4節）．鉄コアの外側部分が急速に降り積もり中心天体の質量が急増し，密度が上がるとともに内部の温度が非常に高くなり，短い時間で原始中性子星の限界質量を超えてしまうためである．

このように近い将来に観測される超新星ニュートリノへ向けて様々なシナリオにおけるニュートリノ放出の性質を事前に予測しておくことが重要である．1つの銀河で起きる超新星の頻度は100年に1–3回程度と見積もられているが，次に超新星が起こるのは明日かもしれないし，30年以上先であるかもしれない．我々の銀河における超新星では，17世紀のケプラーの超新星（1604年）とカシオペアA（1680年ごろ）が最後であり，そろそろ超新星爆発が起きてもよさそうである．地球に近い星では，ベテルギウスやアンタレスが進化の最終段階に入った大質量星として候補になっている．さらに多くの頻度を稼ぐためには，遠くの銀河における超新星爆発からのニュートリノを検出する必要がある．図8.9には，遠方の銀河までを含めた重力崩壊型超新星爆発の年間発生頻度を示

8.2 超新星ニュートリノと重力波

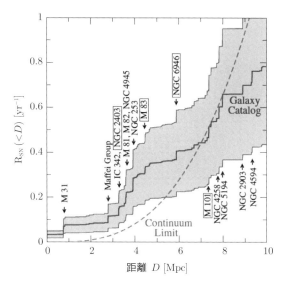

図 8.9　重力崩壊型超新星の年間発生頻度．遠方の銀河までの距離に応じて積算した値が（不定性を含めた）帯状に示してある．破線は一様分布と見なした場合の値 [46]．

している．10 Mpc 以内にある銀河系での現象を累計すると年に 1 回程度は超新星が起きており，100 万トン級の水タンクを持つ実験施設があれば，1〜2 イベントのニュートリノを検出して観測回数を貯め込むことにより情報を得ることができる [46]．このような巨大観測施設はすでに立案されており，日本で計画が進行しているハイパーカミオカンデ検出器（図 8.10）では数 Mpc まで探索範囲を広げて 10 年以上のスケールで超新星ニュートリノを観測することを想定している．

さらに範囲を広げて，全宇宙の超新星からのニュートリノを探索することも興味深い．宇宙初期から現在までに起きた超新星からはニュートリノが大量に放出されており，超新星ニュートリノが蓄積されて現在も宇宙を漂っている．このようなニュートリノ（超新星背景ニュートリノと呼ばれる）の性質は，宇宙の歴史における星の形成率や質量分布をもとに，すべての超新星爆発からのニュートリノ放出量を宇宙膨張モデルによる赤方偏移を考慮して足し合わせることにより予測される．超新星背景ニュートリノの検出は，バックグラウンドの影響を取り除き，少ないイベントを蓄積する難しいものであるが，装置改良

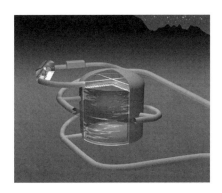

図 8.10 ハイパーカミオカンデ検出器のイメージ図(提供 ハイパーカミオカンデ研究グループ)[47, 48].

の様々な努力により検出限界は理論予測に迫りつつある.

　様々な大型観測装置でニュートリノを検出することは,素粒子としてのニュートリノの性質を明らかにするために行われており,宇宙ニュートリノの観測はその一翼を担っている.スーパーカミオカンデ実験では,ニュートリノ振動の現象を発見することにより,ニュートリノの質量がゼロではなく,3種類の異なる質量があることが明らかになった.ただし質量階層についてはいまだわかっていない.ニュートリノには3種類のフレーバーがあるが,これらは質量固有状態の重ね合わせであり,生成されたニュートリノが伝播していく間に周期的にフレーバー同士の変換が起きる.このニュートリノ振動は,超新星ニュートリノにおいても起きるので,その効果を考慮しなければならない[10].実際のニュートリノイベント数の予測では,発生源から検出器まで伝播する間に起こるフレーバー変換による効果(主に超新星や地球内部の物質効果)を考慮しなければならない.ニュートリノ振動は超新星ニュートリノの特性を変えることになるので,ニュートリノによる元素合成過程に影響を及ぼしており,ニュートリノスペクトルや元素組成などからニュートリノ振動のパラメータに制限を付けることも行われている.このように超新星ニュートリノは素粒子としてのニュートリノを探る情報にも繋がっている.

---
[10] ニュートリノ振動などのニュートリノ研究分野については,本シリーズ9巻『ニュートリノ物理』を参照のこと.

8.2 超新星ニュートリノと重力波　173

図 8.11　岐阜県神岡町，鉱山地下にある大型低温重力波望遠鏡 KAGRA の概略図（提供　東京大学宇宙線研究所 重力波観測研究施設）.

　スーパーカミオカンデ実験と同じ地下の施設では宇宙からの信号を検出すべく重力波検出器の本格稼働準備が進んでいる（図 8.11）．重力波とは時空の歪みが光速で伝わる波動であり，アインシュタインの一般相対性理論から導出される現象である．重力波を作る源としては，中性子星・ブラックホールの連星，超新星爆発，パルサー，初期宇宙の揺らぎ等がある．こうした現象は宇宙で多数起きているはずだが，重力波と物質の相互作用は極めて弱いので，これまで直接検出することはたいへん難しかった．重力波検出器では長い距離（数キロ）の間にレーザーを飛ばし，直交する 2 方向に往復させて干渉させること（マイケルソンレーザー干渉計）により，重力波による非等方でわずかな歪み（長さの変動）を検出する．こうした重力波検出器は世界各地で活躍し始めており，2015 年には，アメリカの施設 LIGO においてブラックホール合体による重力波が初めて観測された．今後も多くの重力波が観測されて，これまでは見えていなかった天体現象が次々と明らかになっていくことであろう．

　超新星爆発からの重力波は振幅がやや弱く頻度も少ないのだが，神岡の同じ施設内にある超新星ニュートリノの検出器と同時に観測することにより時刻タイミングを合わせて，多面的に爆発メカニズムについて探ろうとしている．重

力波は，質量分布の四重極モーメントの時間変動により発生するので，球対称から外れた多次元的な爆発の様子を知ることができる．図 8.12 には，超新星から放出されるニュートリノと重力波シグナルのコア回転の有無による違いを示してある．例えば，超新星コアに回転がある場合にはコアバウンス時に特徴的な重力波が発生するので，回転がない場合と区別することができる．また，対流などの流体力学的不安定性により起こる重力波やまったく異なる爆発メカニズムについて情報を引き出す可能性もある．このとき，重要なのはニュートリノ放出シグナルと連携して多くのバックグラウンドの雑音から必要な重力波を探索することである．コアバウンス直後に起きる電子型ニュートリノにおける中性子化バーストや電子型反ニュートリノの急増を捉えることはバウンス時刻の決定において重要な役割を担っている [11]．また，流体不安定性によるニュートリノ放出の周期的な時間変動も同時探索にとって重要な情報である．次の超新星爆発に備えて，様々なケースについて数値シミュレーションによりニュートリノ放出と重力波の両者を予測しておき，観測データを探索するためのテンプレートを準備することが肝要である．

　重力波源の中でも連星中性子星は最有力な観測ターゲットである．中性子星の連星は公転運動により重力波を放出し角運動量の減少により徐々に公転半径・周期が小さくなりやがて合体してしまう．実際に観測されている Hulse-Taylor 連星パルサーでは，一般相対論の予想どおりに変動しており，間接的に重力波放出の証拠となっている．実際に重力波検出器（振動数特性を持つ）に掛かる可能性があるのは合体の直前からであり，これを検出するため，一般相対論のアインシュタイン方程式を解いて重力波をあらかじめ予測しておく．特に合体するころについては一般相対論の数値シミュレーションが必要であり，近年目覚ましい発展を遂げてきた．このとき，ダイナミクス（潮汐効果，回転周期）および重力波パターンは中性子星の状態方程式によって異なるため，重力波を観測することにより高密度物質の情報を得ることが可能となる．

---

[11] 南極にある大型ニュートリノ検出器 IceCube などの海外の検出実験施設においてもニュートリノ検出数が急増するときの情報が得られるので，様々な観測データを総合した解析を行うことになる．

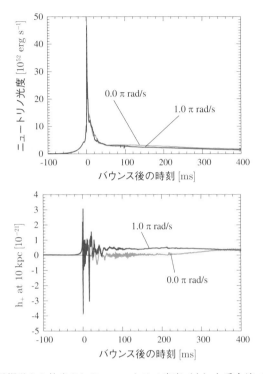

図 8.12　超新星爆発から放出されるニュートリノ光度（上）と重力波（下）の例．2つのモデル（回転あり・なし）における時間変動を示している．重力波の波形は距離 10 kpc における時空計量の変動（諏訪雄大氏提供）[49].

8.3　爆発における多次元効果

　重力崩壊からコアバウンスを経て，停滞した衝撃波が復活して爆発，という大枠のシナリオは見えている．中でも衝撃波復活に際してニュートリノ加熱と絡み合った流体不安定性が焦点だが，多次元効果の何が重要な鍵なのかが最後に残った課題である．この課題を解くうえで重要な役割を果たしているのが，天文観測およびスーパーコンピュータの進歩である．観測・理論に新しい方法・技術を導入することで今までまったく知られていなかった現象・効果が発見されてきた．新しいデータ・シミュレーションにより既知の考え方が大きく変わ

り爆発メカニズム研究のパラダイムシフトへと繋がる，というドラマチックな展開が現在も進んでいる．

天体観測の観点からは超新星爆発が球対称ではない（丸くない）ことを示す例が多く見つかっている．近傍で起きた超新星の残骸は可視光（地上・ハッブル宇宙望遠鏡など）やX線，ガンマ線（衛星）などで詳細に撮像されており，その形状の歪みから，星周辺の物質が非一様であったか，内部爆発が非球対称であったことが示唆される．超新星残骸カシオペアAで見つかった重元素は，非対称にまき散らされていることがわかっており，爆発により物質が非対称に放出されたことが考えられる（図1.3右）．図8.13のように超新星SN1987Aにおいては，^{56}Niが速やかに飛び出してきたこと，歪んだ形状とともに特定の軸方向に沿って物質が放出されている部分があること，偏光の観測により球対称ではなく楕円状に歪んでいることなどがわかっている（例えば[50]など）．アメリカ・ハワイ島マウナケア山頂にある，すばる望遠鏡（日本の国立天文台観測施設）では，銀河系外の遠い超新星を系統的に観測することにより偏光やスペクトル形状から情報を引き出し，超新星の多くが丸くないことや3次元的に歪んでいる様子が明らかになってきた．また，中性子星には大きな速さで移動して

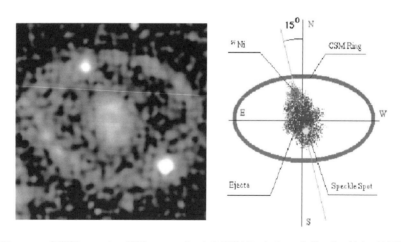

図 8.13　超新星 1987A の残骸：ハッブル宇宙望遠鏡による13年後の姿（左）．星周物質リングの中央には，斜めに広がった放出塊があり，およそリングの対称軸方向に傾いている．先端には ^{56}Ni の塊がある（右）[50]．

いるものがあり，超新星爆発の際に一方向に運動量を得て蹴り出された（パルサーキック）とすると，爆発メカニズムにおける非対称性の関与が考えられる．

一方，スーパーコンピュータの性能向上に伴って緻密な数値シミュレーションが行われるようになり，多次元効果が本質的であることが確立されつつある．実行可能な計算規模が大きくなれば，記述できる空間・時間領域を拡げたり解像度を高めたり，簡易的な手法を第一原理的な記述へと置き換えることが可能となる．既存の制約を取り除いた新しい大規模計算が行われるたびに超新星ダイナミクスに新たな事実が発見されてきた．7.6 節で述べたように，球対称性による制限を取り除いて多次元計算を行うことで，衝撃波の変形や対流を記述できるようになり，ニュートリノ加熱による爆発メカニズムの理解が進んできた．以下では，計算機資源の増加に伴い空間対称性による制限を取り除いた際に数値シミュレーションで見い出された現象の例を紹介する．

例えば，初期の 2 次元軸対称計算では赤道面に対して上下対称性を仮定して半分の空間（$z > 0$ のみ，z 軸から 90 度分）だけ解いていたが，そののちに計算機の性能が向上して，上下対称性の仮定なしに軸対称下で全空間（z 軸から 180 度全体）を解くことができるようになった．図 8.14 には，これら 2 つの場合の数値シミュレーションの例を示した．左図は上下対称性を仮定，右図は上下対称性の仮定なしの場合である[12]．超新星コアに現れる対流のパターンは大

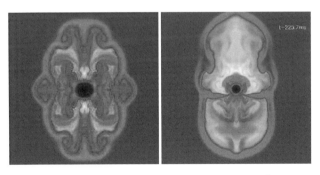

図 8.14　2 次元軸対称超新星シミュレーションにおけるバウンス後 200 ms ごろのエントロピー分布の例．赤道面に対して上下対称性を仮定した場合（左）と上下対称性の仮定のない場合（右）[51]．

---

12) この両者には親星の質量と回転の有無にも違いがある．

きく異なっており，上下対称性を仮定した際にはやや小さなスケールの対流が現れるのに対して，全空間を解いた場合には上下非対称に大きく歪む対流が発達して，衝撃波がより遠くへ到達することを促進しうる．このように，対称性を仮定した条件では流体不安定性の成長が妨げられてしまうが，制限を取り外したことにより新たなダイナミクスが見つかる可能性があり，できる限り制限のない規模の大きな計算を行いたいのである．

　このような新たな現象は，空間的な規模拡大だけではなく，時間領域を大きくとったときに発見される場合もある．多次元における流体力学的不安定性では，大きな効果（非線形効果）を持ち始めるまでに長い時間がかかるものがあり，新しい現象を見い出すためには，短い時間であきらめて計算を打ち切ってしまわず，粘り強く計算を続けることが大切である[13]．多次元計算における長時間発展において見つかった現象は様々であるが，その一つには定在降着衝撃波不安定性 (Standing Accretion Shock Instability, SASI) と呼ばれるものがある．球対称のもとでは停滞衝撃波は安定に存在しているが，多次元においては衝撃波面のわずかな揺らぎが大きな変形形状へと成長して爆発に影響を及ぼす場合がある．この現象は，他分野においても注目されており，水流実験で同様の条件を作り出して SASI を研究すること[14]も行われている．こうした多次元現象は，中性子星のキックや特徴的な重力波・ニュートリノシグナルを生み出すことにも繋がっており，大規模な数値シミュレーションでは常に新発見が期待される．

　空間対称性の制限を取り除き，1 次元・2 次元・3 次元と次元を上げていったときに爆発が起きやすくなるのかどうかはたいへん興味ある質問であり，難しい問題でもある．球対称 1 次元から軸対称 2 次元へ拡張する場合には 1 次元では衝撃波を復活する手立てが基本的にないのに対して 2 次元では対流や SASI によりニュートリノ加熱を助けて爆発が起きやすくなるため，2 次元が有利そう

---

[13] Wilson らの球対称シミュレーション計算で通常よりも長い時間発展を追うことによりニュートリノ加熱による遅延爆発が発見されたエピソードを思い出してほしい．

[14] Shallow Water Analogue of a Shock Instability (SWASI) は，台所のシンクのように水が重力により流れ込んで中心の芯に当たる際の流体の様子を様々な条件で実験するもので，超新星での状況を間近で観察できるたいへんユニークな取組みである．ムービーも公開されている．

である.それでは軸対称 2 次元から対称性のない 3 次元にすればさらに有利となるだろうか.1 次元から 3 次元まで次元による違いを系統的に調べるために簡易的な計算手法による数値実験が多く行われて爆発の可否が調べられているが,その答えは,それほど単純ではないようだ.自然界は空間 3 次元であり,超新星残骸にも 3 次元的な分布が見られる.2 次元軸対称では対流などの動きは軸の周りでドーナツ状になっており,流体の振舞いとしては強い制限がかかった状態である.3 次元空間の数値シミュレーションを行えば軸対称では見ることができない不安定性が新たに現れる可能性がある.したがって,3 次元空間において詳細なシミュレーション計算を行う以外にこの質問に答える手立てはない.

3 次元における重力崩壊型超新星の本格計算は始まったばかりである.3 次元空間におけるニュートリノ輻射流体計算は現時点で最大級のスーパーコンピュータをフル活用してようやく可能となる規模である.日本のグループは,世界的にも最高レベルの計算速度を持つ京コンピュータ(神戸市)により世界で初めて 3 次元超新星爆発の様子を明らかにした.これによると質量 $11.2 M_\odot$ の星において 3 次元でも爆発は起きており,ニュートリノ加熱と対流による効果により爆発がもたらされている.図 8.15 は,シミュレーション結果において時間発展とともに 3 次元空間で衝撃波が歪みながら超新星爆発が起きる様子を示している.3 次元の効果を探るために行われた,次元を変えて比較するシミュレーション結果(図 8.16)によると,1 次元(球対称)では爆発に至らないのに対

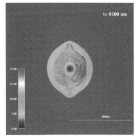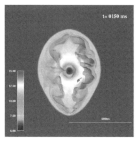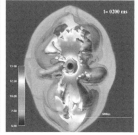

図 **8.15** 3 次元でのニュートリノ輻射流体シミュレーションによる超新星爆発の例.左から右へコアバウンス後の時刻 100, 150, 200 ms におけるエントロピー分布(滝脇知也氏提供,口絵 4 参照)[52].

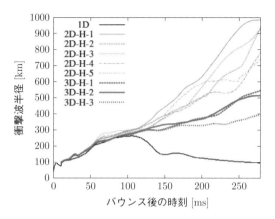

図 8.16 空間次元を変えた超新星シミュレーションにおける爆発ダイナミクスの違い．1–3 次元計算で得られたコアバウンス後の衝撃波の時間発展を示している．1 次元では爆発せず，3 次元，2 次元の順番で爆発しやすくなっている [53]．

して，2 次元と 3 次元の結果は両方とも爆発へ至るのがわかる[15]．ただし，3 次元の結果では，2 次元に比べると衝撃波の広がりは少し遅く，爆発はゆっくり起きている．2 次元では流体不安定性の大きな構造が早くに発達して爆発するのに対して，3 次元では構造のスケールが小さくなっており，小さな対流が合わさって大きな構造を作り爆発へと向かっている．一方，ドイツやアメリカの研究グループによる 2 次元・3 次元計算では爆発の可否や規模についての結果は異なっている．これらのグループ間では初期条件（親星），計算手法（近似法）や核物理のとり入れ方も異なり直接の比較をすることが難しいが，2 次元と 3 次元とで様相が異なっているのは確かで，どちらかというと 3 次元の方が爆発しにくい傾向のようである．

このように爆発に成功する例が多くなってきてはいるが，現在のシミュレーション計算にはいまだ課題が残されている．多くの場合について計算の解析から得られる爆発エネルギーが 10^{50} erg 程度と十分ではないことは問題の一つである．爆発を示す計算例の中には爆発エネルギーが増える傾向を持つ場合もあるが，小さい爆発エネルギーで一定の値に近づいている場合もあり，弱い爆発の

---

[15] 多次元で複数の線があるのは初期条件におけるランダムな微小揺らぎの違いによるもので，爆発形状が異なるため平均衝撃波位置にも小さな違いが現れている．

超新星に対応している可能性もある．いずれにせよ 1 秒以上の長時間発展を追わなければ爆発エネルギーを確定することは難しい．3 次元計算の例では長時間発展を追うのはさらに難しく，観測を説明する 10^{51} erg まで至るのは容易ではない．現段階では 3 次元計算例が少ないため，3 次元ダイナミクスにおいて爆発の鍵となるメカニズムが普遍的なのかどうかもいまだ定かではない．2 次元で行っているような系統的な研究が必要であるが，そのためには大規模長時間発展を行う十分な計算資源が必要となり，次世代のスーパーコンピュータによる解明が待たれる．

　空間対称性のほかで興味ある要因の一つは，回転による爆発への効果である．星は回転しているものが多く，（超新星で誕生する）中性子星もパルサーとして回転していることから，回転がある場合の超新星シミュレーションも多く行われてきた．回転している星の重力崩壊を追ってみると，遠心力のため星のつぶれ方が弱まってしまい，中心密度が上がりにくい影響が生ずる．一方，回転している原始中性子星には歪みが生じて扁平な回転楕円体となり，回転軸方向から見たときの表面積が大きくなるため，赤道面方向よりも極方向の方がニュートリノ照射量が大きく，極方向を選択的に加熱する効果が生まれる．また，回転により流体不安定性（対流や SASI）の生じ方も変わるため，これらを総合した効果として爆発への影響を考えなければならない．ただし，影響が大きくなるのは高速回転の場合であり，近年の研究では一般的な大質量星の回転はそれほど速くないとされているため，高速回転により直接的に爆発を引き起こすシナリオは一般的ではないと考えられている．高速回転している大質量星の重力崩壊は，割合としては少ないが特殊な場合として，例えばガンマ線バーストのモデル（コラプサー）と考えられており，やはり爆発ダイナミクスを理解することが重要である．本書では扱っていないが，強い磁場がある場合の重力崩壊型超新星も詳しく調べられている．これらは，MHD（磁気流体力学）不安定性の発達によるダイナミクスや中心天体として強い磁場を持つ中性子星（マグネター）の誕生，ジェット的な流体ダイナミクスにより中性子過剰物質を放出する中で r プロセス元素合成を起こす場として研究が進んでいる．

8.4 高温高密度物質の状態方程式による影響

　高温高密度物質の状態方程式は，超新星研究において初期の段階から現在に至るまで常に重要視されており，原子核物理における核物質の状態方程式の研究と連動して，爆発メカニズムへの影響が議論されてきた．1980 年代においては，状態方程式を関数形で与えることにより，系統的に爆発への影響を調べることが行われた．例えば，圧力と密度の関係を

$$P(\rho) = \frac{K_0 \rho_0}{9\gamma} \left[\left(\frac{\rho}{\rho_0} \right)^\gamma - 1 \right] \tag{8.1}$$

のように非圧縮率 K_0 と密度のベキ乗 γ をパラメータとして表して[16]，爆発するかどうかを調べた．その結果，爆発を得るには K_0 の値が小さい方がよく，柔らかい状態方程式がよいことがわかった．重要なのはコアバウンス時に達成される中心密度が十分に高くなることで，バウンスコアの半径が小さくなり，衝撃波の初期エネルギー（式 7.6）が大きくなることにある．ここでの爆発は流体力学的な即時爆発についてであり，現在は同じメカニズムで爆発しないことはわかっているが，柔らかい状態方程式の方が大きな重力エネルギーとなり，爆発に有利である方向性は現在でも変わらない．ただし，柔らかすぎる状態方程式では中性子星を支えることができなくなってしまう．観測されている中性子星質量による制限により，非常に柔らかい状態方程式は棄却されているので，単純に爆発をさせることは難しい．

　1990 年代には超新星爆発シミュレーションに用いる目的で状態方程式データセットが構築されはじめた．初期の Lattimer と Swesty (LS) らによるもの，のちの日本グループの主導により構築されたもの（3.6 節）[17] の 2 つの状態方程式テーブル（以下では LS EOS と Shen EOS と呼ぶ）は超新星数値シミュレーションに広く用いられるようになり，標準的な状態方程式として普及した．これらの状態方程式テーブルがもとになり，2000 年代以降には，原子核・天文デー

---

[16] ここで非圧縮率 K_0 と核物質密度 ρ_0 は陽子混在度に依存した量であり，これらの値を定めることは現在でも重要である．

[17] 中国の研究者 Hong Shen との共同により完成しており Shen EOS と呼ばれるようになった．

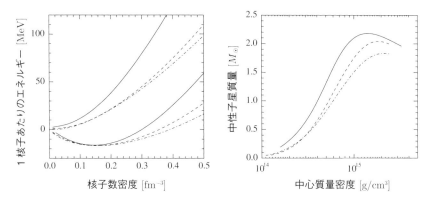

図 8.17 超新星シミュレーションで用いられる 2 種類の状態方程式 (実線:Shen EOS, 破線:LS EOS K=220 MeV, 一点鎖線:LS EOS K=180 MeV) の比較.(左) 対称核物質・中性子物質の 1 核子あたりエネルギーと核子数密度.(右) 中性子星物質の状態方程式による中性子星の重力質量と中心質量密度 [31].

タに基づいて有効相互作用の改良やハイペロン・クォークの混在を考慮した状態方程式テーブルが多く作られるようになった.

　状態方程式と超新星の繋がりを探るため,幅広く用いられてきた代表的な 2 つの状態方程式テーブル LS EOS と Shen EOS の違いを見ておこう.2 種類の状態方程式は用いた核物理手法が異なり,その特性には様々な違いがある.おおまかな分類でいえば,Shen EOS は固い状態方程式であり,LS EOS は柔らかい状態方程式の代表格である.図 8.17 では,対称核物質と中性子物質および中性子星の比較[18]を示した.対称核物質では,核物質密度における非圧縮率の値(極小値での曲率)が異なり,Shen EOS の方が固いことがわかる.中性子物質についても密度依存性に違いがあり,Shen EOS では対称エネルギー効果が強く,高密度でエネルギーが急上昇している.これに対応して,中性子星の質量においても差が現れており,最大質量は Shen EOS の方が大きい.また中心密度は LS EOS の方が高い.

　こうした状態方程式の違いが超新星爆発においてどの程度影響を及ぼすのか,

---

[18] LS EOS には非圧縮率 K として K=180, 220, 375 MeV のセットがある.頻繁に用いられていたのは 180 MeV であるが,中性子星質量の制限から最近では 220 MeV が用いられている.

爆発の可否に違いが現れるのを期待して行われた球対称での第一原理計算によりわかったことは，実はどちらの状態方程式でも「爆発は起きない」であった[19]．図 8.18 に示したのは，2 つの状態方程式[20]による数値シミュレーションの結果で，バウンスの時刻を基準にした超新星コアの時間発展の様子である．左図は Shen EOS の場合に流体素片の軌跡を示したもので，衝撃波の位置が太い破線で示してある．バウンスで打ち上がった衝撃波は 100 km を超えたところで停滞して，その後は落ち込んでしまい，1 秒の時間発展を追っても復活することはなかった [37]．右図は 2 つの状態方程式の場合における衝撃波位置の時間発展の比較である．バウンス後の衝撃波の伝播・停滞の様子は互いに似ており，どちらも爆発には至らない．これにより状態方程式の不定性を考慮しても球対称では爆発しないことが確実となった．さらに，状態方程式の影響は柔らかさ・固さだけでなく組成の違いも反映しており，その違いが複雑に絡み合っている様子も明らかになった．単純に言えば，柔らかい状態方程式では高い密度・温度へと繋がり，より大きな重力エネルギーが解放される．また，高密度で温度

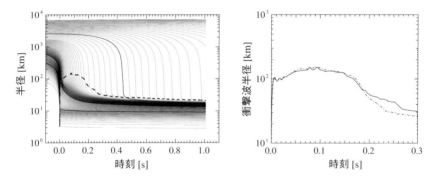

図 **8.18** 球対称における超新星計算では衝撃波は復活せず爆発しなかった．（左）Shen EOS の場合の流体素片の軌跡をコアバウンスの時刻を基準に示した．（右）2 つの状態方程式 (実線：Shen EOS，一点鎖線：LS EOS K=180 MeV) を用いた場合についてコアバウンス後の時間における衝撃波の位置を示す [37]．

---

[19] 筆者は，こうした比較をしたいという願望のもとで博士論文を皮切りに状態方程式テーブルの構築を進めていたので，爆発にハッキリと違いが現れるのを期待していたのだが，それほど簡単な話ではなかった．
[20] 複数の LS EOS のうち，図 8.18, 8.24 では違いがより顕著に現れる LS EOS K=180 MeV の場合を示す．

が高くなることで，放出ニュートリノのエネルギーおよびニュートリノ加熱率が高くなり，爆発に有利となることが予想される．しかし，状態方程式における物質組成の違いによりニュートリノ反応率が変わるため，中心コアの進化やニュートリノ加熱量にも違いが及ぶ．図 8.18（右）における両者の違いは小さいように見えるが，2 つの状態方程式の違いから生じる様々な影響を総合した結果がここに現れている．

状態方程式の違いは中心に誕生する原始中性子星の進化や放出される超新星ニュートリノにも現れる．誕生後の 20 s ほどの熱的進化の間にも中心の密度が上がり，固さの違いが現れる．固い状態方程式では温度が低いので，内部から拡散流出するニュートリノの光度や平均エネルギーが低くなる．図 8.19 は，LS EOS と Shen EOS による原始中性子星冷却における放出ニュートリノの比較である．Shen EOS の場合の平均エネルギーは LS EOS より 1 MeV ほど低くなっており，その差は時間経過とともに大きくなっている．こうした違いを超新星ニュートリノの観測で区別できれば状態方程式の違いを探ることができる．

こうした放出ニュートリノの違いは，より重い原始中性子星の場合ではさらに顕著である．図 8.20 では，質量 $40 M_\odot$ の親星からの重力崩壊により誕生し

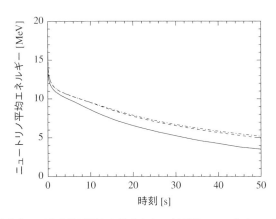

図 **8.19** 誕生直後の原始中性子星から放出される超新星ニュートリノの平均エネルギーの時間変化．電子型反ニュートリノについて示した（実線：Shen EOS, 破線：LS EOS K=220 MeV, 一点鎖線：LS EOS K=180 MeV, 鈴木英之氏提供データをもとに作成）．

第 8 章 爆発メカニズムの解明へ向けて

た原始中性子星がブラックホールになるまでのニュートリノ放出の例を示した．このような重い親星の場合，鉄コアの質量が $2M_\odot$ と大きいため，打ち上がった衝撃波はすぐに後退して超新星爆発が起きることはない．鉄コアや外層の物質が急激に降り積もることにより，誕生した原始中性子星の質量が短い時間で増加する．やがて質量が原始中性子星の限界質量を超えてしまうと，再び重力崩壊を起こしてブラックホールに至り，ニュートリノ放出も止んでしまう．原始中性子星の質量が大きくなるにつれて内部密度・温度は急上昇するため，この間に放出されるニュートリノは高い平均エネルギーを持っており，増加したのちに突然打ち切りとなる．このような短い時間（1 s 程度）で急増するエネルギーの超新星ニュートリノが検出されたら，ブラックホール形成の瞬間を目撃したことになる．このときのニュートリノ放出の継続時間，および平均エネルギーの推移は LS EOS と Shen EOS で異なり，柔らかい状態方程式の方が短い継続時間となる．状態方程式によって原始中性子星の限界質量が異なり内部温度の上昇傾向が異なるためである．このようにブラックホール形成に至る場合の放出ニュートリノの検出は，スペクトル・継続時間の特徴により状態方程式を詳細に探ることに繋がる．

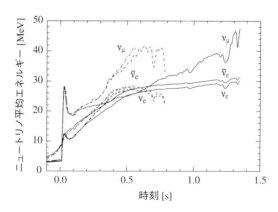

図 **8.20** 重い親星の重力崩壊により誕生した原始中性子星がブラックホール形成に至るまでに放出されるニュートリノの平均エネルギーの時間変化．横軸はバウンスからの時刻．電子型ニュートリノ，電子型反ニュートリノ，ミュー型ニュートリノの 3 種について示した（実線：Shen EOS，破線：LS EOS K=220 MeV，一点鎖線：LS EOS K=180 MeV）[54]．

8.4 高温高密度物質の状態方程式による影響　187

　原始中性子星の熱的進化の際にはハイペロンやクォークが出現する可能性がある．原始中性子星においては，ニュートリノ閉じ込めにより，陽子の混在度が高く中性子の割合が少ないため，ハイペロンなどが出現するのは熱的進化後半（20 s 以降）であり，超新星ニュートリノにも変動が現れる．ブラックホール形成に至る際には，再崩壊に伴い急激な密度・温度上昇が起こる．密度は核物質密度の 10 倍以上，温度は 100 MeV 以上にも達する．この状況ではハイペロンやクォークが出現することは確実であり，ブラックホール形成を早める場合もありうる．このような場合，ニュートリノの検出によりエキゾチックな物質を探れる可能性がある．また，クォーク相の出現により，超新星爆発が起こるという計算例も示されている．

　以上のような核物理の影響は，多次元の超新星シミュレーションにおいてどのような様相を見せるのであろうか．爆発を起こしている計算例であっても，上述のような核物理の不定性のために爆発しなくなるのでは困ってしまう．球対称では第一原理計算（8.7 節）が可能であるので，核物理の影響が詳細に検証されており，そのうえで球対称では爆発しないことが確実となった．多次元における状態方程式やニュートリノ反応の影響を探り，爆発メカニズムを揺るぎないものにすることは今後の課題であり，その試みは現時点でようやく始まった段階といってもよいであろう．2 次元軸対称の超新星シミュレーションにおける状態方程式の影響については，モデル数は少ないがその違いが調べられている．

　日本のグループによる計算結果 [55] では，LS EOS では爆発するが，Shen EOS では爆発していない（図 8.21）．基本的な傾向としては，より柔らかい状態方程式が爆発には有利な傾向に見える．しかし，図 8.21 の LS EOS では非圧縮率によらず爆発しているため，単純な固さ・柔らかさだけでは測れないようである．シミュレーション計算手法による相違点の吟味や親星やニュートリノ反応を統一した比較をする必要があり，今後の検証が待たれる．また，3 次元計算の超新星ではどのような影響がありうるのか，興味をそそる問題である．

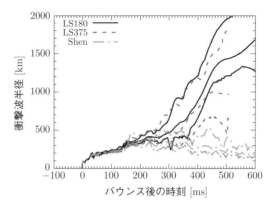

図 8.21 2次元超新星シミュレーションにおける状態方程式 (Shen EOS, LS EOS K=180, 375 MeV) の爆発への影響．バウンス後の時刻における衝撃波（最大・平均・最小値）の動きが示されている [55]．

8.5 ニュートリノ反応過程による影響

　高温高密度物質の状態方程式だけでなく，ニュートリノ物質間の相互作用の影響も重要である．状態方程式の発展につれて新しい反応率が導出されるようになり，爆発への影響が定量的に求められるようになってきた．ここで鍵となる要因の一つは，どのような組成になっているかである．例えば，LS EOS と Shen EOS において原子核は（理論計算上の近似として）代表的な 1 種類が存在する扱いであるが，本来，温度が十分に高いときは核統計平衡状態により決まる多種多様な原子核が混在している．近年の状態方程式テーブルでは核種混在の効果も取り入れられている．鉄コアが重力崩壊する際に出現する原子核は核図表のうえで非常に広い範囲に分布している．図 8.22 は重力崩壊の途中（中心密度 10^{12} g/cm^3）において中心部に存在する原子核の分布を示したものである．安定線より中性子過剰な原子核が広く存在しており，原子核の魔法数に近い領域で質量組成比が大きくなっている．これに対して，LS EOS, Shen EOS では，平均的な 1 つの核種を採用していた．このように標的となる核種や組成が異なると，ニュートリノが関与する反応率も変わるので結果として爆発ダイナミクスに影響を及ぼしうる．

8.5 ニュートリノ反応過程による影響

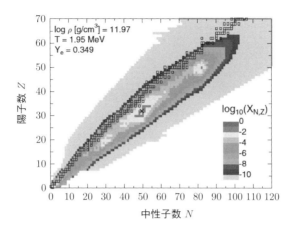

図 8.22 超新星コア内部物質に存在する様々な原子核の分布．各核種の質量組成比の分布を核図表上に示した [56]．

例えば，7.2 節で見たように，電子捕獲反応は進まない方が爆発には有利である．図 8.23 は，組成および電子捕獲反応（式 5.22）によるコアバウンス時の違いを比較した例である．単一核種による評価（基本の電子捕獲率）に対して混在核種による評価（殻模型による新しい電子捕獲率）の場合では，バウンス時の内部コア（図の一番下：速度分布のジャンプする点）の質量が $0.1 M_\odot$ も小さくなっている．これは新しい電子捕獲反応の方が進みが速い（図の一番上：電子数比が小さい）ため，発生したニュートリノが逃げていってしまい，レプトン閉じ込め量が少なくなっているためである．式 (7.7) で見たように，この差は鉄分解エネルギーに換算すると爆発エネルギー 10^{51} erg に相当する違いである．

同程度の違いは（原子核による電子捕獲反応が遅い場合）自由陽子による電子捕獲反応（式 5.23）を通じて生じうる．図 8.24（左）は重力崩壊時の超新星コア内部における自由陽子の質量組成比分布を表している．状態方程式のうち対称エネルギーの違いは自由陽子の組成比にも違いをもたらすため，対称エネルギー効果の大きい Shen EOS では自由陽子が少ない[21]．このため，電子捕獲反応の進みが遅くなり，Shen EOS の方が内部コア質量が大きくなる．このよ

[21) 中性子と陽子の化学ポテンシャルの差が大きく，陽子の化学ポテンシャルが低いため，原子核の外に溶け出す陽子が少ない．

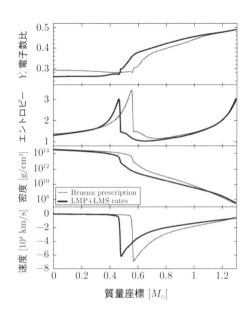

図 8.23 重力崩壊中の電子捕獲反応の影響によるコアバウンス時における中心コア分布の違い．単一核種の簡単な扱い（細線）に対して混合核種による電子捕獲反応の場合（太線）はバウンスコアが小さくなっている [57].

うな状態方程式による違いは，質量が異なる様々な親星の場合においても共通に現れており，図 8.24（右）のように Shen EOS と LS EOS (K=180 MeV) の場合ではバウンス時の内部コア質量に系統的な違いがある．

バウンス後の停滞衝撃波においても物質の組成は重要である．原始中性子星表面や加熱領域における組成は，ニュートリノ冷却・加熱に違いを生み出す．LS EOS や Shen EOS では核子・原子核（1 種類）のほかはヘリウム ^{4}He が組成として取り入れられていた．^{4}He は非常に安定であるのでニュートリノ反応には関与しにくい．最近の研究では，その他の軽元素（重陽子 ^{2}H, 3 重水素 ^{3}H, ヘリウム ^{3}He）も多く出現していることが判明している．これらの核種を通じたニュートリノ放出や吸収が起きることで，通常考えられていた核子を通じた反応過程の場合からエネルギーやレプトン移行の様子が変わる可能性が議論されている．また，新たなニュートリノ吸収・放出反応を考慮することにより，原始中性子星におけるニュートリノ球の位置や放出ニュートリノのスペクトルが

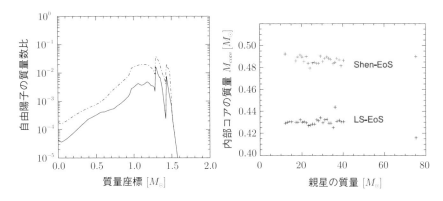

図 8.24 2つの状態方程式による超新星への影響.（左）重力崩壊中の自由陽子の質量組成分布（実線：Shen EOS, 一点鎖線：LS EOS K=180 MeV）[37].（右）バウンス時の内部コア質量の違い [58].

変動することも考慮しなければならない. 電子・核子・原子核との非弾性散乱のようにエネルギーが変わる反応過程では，低エネルギーのニュートリノ流出やフェルミ分布に近づく過程に影響を与えたり，高エネルギーの成分に違いを与えるので，爆発ダイナミクス探索および超新星ニュートリノ予測ではニュートリノ反応を注意深く取り扱わなければならない. 衝撃波位置のわずかな差であっても，多次元計算においては大きな違いに発展しうるので精密なニュートリノ反応を網羅して組み込むことが必要である.

8.6 原子核理論・加速器実験・天体観測による探求

上述のような多次元爆発メカニズムにおける核物理の影響を明確にするためには，状態方程式やニュートリノ反応データをより一段高いレベルで整備する必要がある. 近年の原子核実験・理論や天文観測による情報が蓄積されており，図 8.25（左）のように原子核の対称エネルギーに関する制限も付くようになってきた. 広く普及している状態方程式にも問題点が指摘されており，最新の理論・実験に基づいて改善していく必要がある. 一方，数値シミュレーションで利用可能な状態方程式テーブルには限りがあるため，核物理パラメータ（例え

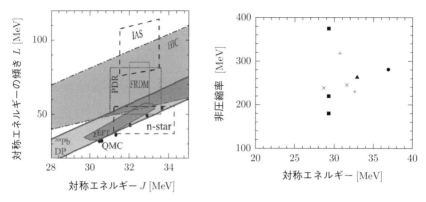

図 8.25 （左）原子核の対称エネルギーパラメータに対する実験・理論・観測からの制限領域 [59]．（右）超新星シミュレーションに用いられている状態方程式テーブルの非圧縮率・対称エネルギーの値．

ば，対称エネルギーと非圧縮率）としては，図 8.25（右）のように，一部分の点で状態方程式の影響が調べられているにすぎない．多次元での影響の方向性を明確に定めるためには，核物理パラメータ空間を系統的に探索するような研究が必要である．最新の核子多体理論・原子核データ・天体観測に基づいた信頼度の高い状態方程式を構築するとともに系統的に不定性を検証する手段を用意することが必要である．また，原始中性子星におけるハイペロンやクォークの出現を取り込むためには，質量 $2M_\odot$ の中性子星を支える条件のもとで，ハイペロン混入や高温高密度状態でのハドロンからクォークへの相転移を扱う新たな理論手法が求められている．

　最新の状態方程式を採用するにあたっては，同時にニュートリノ反応の精密化も欠かせない．状態方程式とニュートリノ反応率を一貫した枠組みで与えることはいまだ十分には行われていない．状態方程式による組成比の違いは組み込むべきニュートリノ反応系列の違いを生み，核子多体理論により得られる物質中で粒子が感じる平均ポテンシャルは反応率の計算に差を与える．原子核の電子捕獲反応率は，世界的にも 1 つのグループによるデータセットしかないため，その不定性の大きさは確定しておらず，爆発への影響は今のところ未知数である．あるいは，これまでの超新星シミュレーションにはいまだ考慮されていない反応・過程があるのかもしれない．ことによると球対称で爆発する可能

性があったり，爆発におけるメカニズムを大きく変える要因が核物理の過程にありうるので，今後も目を離すことはできない．

これらを突き止めるためには原子核・ニュートリノ物理の実験と理論の進展が必要不可欠である．世界各地の原子核実験施設では状態方程式を探るための原子核衝突実験が行われ，理論解析と併せて対称エネルギーや非圧縮率などが求められており，その値には制限が付けられるようになってきた．不安定原子核を扱う実験施設のある理化学研究所仁科加速器研究センター RIBF では，極限状態までの中性子過剰原子核による実験が行われて中性子星や超新星内部のような中性子過剰な状況を探っている．また，系統的に中性子過剰原子核の性質を調べることは鉄コアの重力崩壊，中性子星の外殻・内殻，r プロセス元素合成過程などで出現する原子核を同定することへ繋がる．原子核同士の衝突により核物質密度以上の状態を作り上げて，そこから放出される粒子群を捉えて，状態方程式を導く研究も進んでいる．衝突時にできる状態は，超新星内部における状況に非常に近い部分もあり重陽子やヘリウムなどの軽元素の組成比を探る可能性も議論されている．ニュートリノ反応は断面積が非常に小さいため実験を行うことが難しいが，日本の大強度陽子加速器施設 J-PARC では，強力なビームを用いてニュートリノを生成して原子核との相互作用を探ることが提案されている．また，大阪大学の核物理研究センター RCNP では，エネルギー高分解能の検出器を活かした原子核の応答（共鳴状態など）の研究により状態方程式や原子核の電子捕獲反応を探るための研究が行われている．

こうして原子核物理の理論・実験により突き詰めたデータセットを超新星の計算につぎ込むことにより，爆発の可否，ニュートリノ・重力波放出，X 線やガンマ線放出，元素合成量の予測を行うことが可能となる．これらの予測を様々な宇宙・天体観測と照らし合わせて検証を行うことにより，爆発メカニズムの解明だけでなく，高温高密度の物質とニュートリノ相互作用についての知見が得られるようになるであろう．超新星や中性子星合体におけるニュートリノや重力波シグナルの状態方程式による違いが詳しく調べられており，系統的な観測は内部物質を探る大きな手がかりとなる．また，電波パルサーの観測により質量の大きい中性子星が系統的に見つかったり，X 線観測装置 (NICER) や X 線天文衛星による中性子星観測で中性子星の半径が精密に定まれば，状態方程

194   第 8 章   爆発メカニズムの解明へ向けて

式にとって強い制限となるであろう．すばる望遠鏡や建設が予定されている次世代超大型望遠鏡 (TMT)，そして突発天体現象をサーベイする天文観測網により，超新星出現の瞬間を捉えたり，非常に古い星の元素組成比が明らかになれば，爆発ダイナミクスへの制限や重元素合成の起こり方にも示唆が得られるであろう．このように原子核・素粒子物理と天体宇宙物理の連携が重要であり，相互の密接な協力によりミクロ物理とマクロ物理の両方向からの検証が期待される．

8.7　スーパーコンピュータと計算科学の寄与

　8.3 節で見たように，2 次元・3 次元での数値シミュレーションが行われているが，現在の計算はいまだ完全なわけではない．球対称においては，一般相対論的なニュートリノ輻射流体計算が行えるようになっており，第一原理計算が行われているといってよい．近似による違いも詳しく検証がされており，核物理の影響を含めて爆発の可否や精密な予測を行える．ところが，多次元における計算ではこの段階には至っておらず，爆発メカニズムの確定が難しい状態である．最後まで課題として残っているのは一般相対論と多次元でのニュートリノ輻射輸送の扱いである．前者は近年になり目覚ましい進歩を遂げているが，後者は今後も計算方法自体の開発が必要な状況である．これまで用いられていた近似の影響を検証したうえで，一般相対論を含めた第一原理計算を目指さなければいけない．最終的に必要なのは 6 次元ニュートリノ分布を扱う一般相対論的ニュートリノ輻射流体計算である．

　こうした計算を現実的な時間内で実行するためには，少なくともエクサスケール（1 Exa-FLOPS$=1 \times 10^{18}$ FLOPS，1 秒に $= 10^{18}$ 回浮動小数点演算を行う性能を持つ）の次世代スーパーコンピュータが必要である．現時点（執筆時の 2017 年）では国内で利用可能な最大クラスの性能は，例えば京コンピュータの 10 Peta-FLOPS$=1 \times 10^{16}$ FLOPS 程度であるので，ニュートリノ輻射輸送に近似を行ったり，規模を縮小する工夫を施して実行可能な規模にするなど，様々な工夫のもとで超新星の数値シミュレーションによる研究が進められている．

例えば，日本のグループは京コンピュータにより 3 次元空間におけるニュートリノ輻射流体計算の数値シミュレーションを世界で初めて行った．この研究では，ニュートリノ輻射輸送に近似が用いられているが，この段階でベストな数値シミュレーションである．3 次元空間において歪んだ衝撃波の中で対流が起きている様子とともにニュートリノ加熱により爆発が起きることを手に取るように明らかにした．

　これに対して厳密なニュートリノ輻射輸送計算は，京コンピュータの利用により，空間 2 次元（軸対称）における数値シミュレーションがようやく可能となり，多次元超新星爆発の研究は新たな段階に突入した．本稿を執筆している最中にも，京コンピュータでは 6 次元空間ニュートリノ分布を扱うボルツマン方程式によるニュートリノ輻射流体計算の数値シミュレーションが 1 年にわたる長期間をかけて行われている．大質量星の重力崩壊からコアバウンス・衝撃波停滞，そして衝撃波復活により爆発するかどうか，全時間領域を一貫して追う世界で初めての試みである．2 次元空間（軸対称）の範囲ではあるが，ニュートリノ輻射輸送を近似することなく解くことにより，これまで行われていた近似計算との違いが見えつつある [22]．親星 [23] や状態方程式・反応率などの違いを精査する必要があるが，ニュートリノ加熱における輻射輸送の不定性を取り除くことが爆発メカニズムの解明を支えるものになるであろう．

　そして，エクサスケールの次世代スーパーコンピュータが完成すれば，超新星分野では 6 次元ボルツマン方程式を用いた 3 次元空間の超新星爆発の数値シミュレーションを実行することが可能になる．ニュートリノ輻射輸送における近似の影響を評価することにより，効率のよい数値シミュレーション計算方法を確立すれば 3 次元の超新星爆発を系統的に探ることができる．様々な質量・金属量の親星ごとに爆発の可否を決定することで，中性子星あるいはブラックホールの誕生へ向かう星の運命を定めることに繋がるだろう．また，広い空間領域を高解像度でカバーする数値シミュレーションにより，重元素合成量パターンの分析を行うことで，銀河・宇宙の歴史における物質進化への寄与が明らか

---

[22] 2017 年までに行われた計算では状態方程式の違いにより爆発の可否が分かれる結果となっている．

[23] 本書ではほとんど扱っていないが，星の進化計算による親星のモデル（超新星計算の初期条件）にも不定性があり，これも大きな課題である．

になる．さらに，すでに発展している一般相対論的な数値シミュレーションと組み合わせれば，超新星ニュートリノと重力波の同時予測を精密に行い，近い将来の観測と照らし合わせることにより，超新星メカニズムと核物理を詳細に検証することになる．核物理の分野においても，京コンピュータにおける理論的な研究が進んでおり，系統的な核構造や核力などの決定を通じて緻密な情報が得られることが期待される．また，巨大な数値シミュレーションの実行には，超並列数値計算アルゴリズムの開発や巨大データの可視化処理など，物理学だけでなく計算科学の専門家の協力が欠かせない．エクサスケールにおける次世代のシミュレーション研究へ向けて，素粒子・原子核・宇宙物理そして計算科学の研究者による総力を挙げた研究が続いている．

参考図書

　中性子星・超新星爆発について理解するために必要な基本事項について全体をカバーしている本として，まず欠かせないのは，

- S. L. Shapiro and S. A. Teukolsky, "*Black Holes, White Dwarfs, and Neutron Stars: The Physics of Compact Objects*", John Willey & Sons (1983)

である．英語ではあるが，基本概念の理解のために研究のうえでわからないことがあると，多くの人がこの本に戻って学ぶという名著といえよう．
　重力崩壊型超新星を扱った本として，

- 山田章一，『超新星』，新天文学ライブラリー 4，日本評論社 (2016)

がある．物理過程について詳しく記述されており，さらに詳細を学びたい学生・大学院生にとって貴重な本である．さらに，星から超新星に関してを広く扱っている，

- 野本憲一・定金晃三・佐藤勝彦 [編]，『恒星』，シリーズ現代の天文学 7，日本評論社 (2009)

がある．また，網羅的な講義録として

- 固武慶・鈴木英之，『重力崩壊型超新星爆発の物理』，レクチャーノート，`http://www.jicfus.jp/jp/110608lecture/` (2014)，素核宇宙融合レクチャーシリーズ，第 3 回『高エネルギー天体物理の基礎』(2011)

がある．
　一般相対論については中性子星合体や重力波に関して書かれた，

- 柴田大，『一般相対論の世界を探る—重力波と数値相対論』，UT Physics 3，

東京大学出版会 (2007)

が役立つだろう.

星の進化と元素合成については,

- Donald D. Clayton, "*Principles of Stellar Evolution and Nucleosynthesis*", University Of Chicago Press (1984)

が元素の起源までカバーしており役立つ. 日本語では,

- 海老原充, 『太陽系の化学』, 化学新シリーズ, 裳華房 (2006)

が元素組成や合成過程について簡略にまとめており全体像を概観しやすい.

流体力学については,

- 坂下志郎・池内了, 『宇宙流体力学』, 新物理学シリーズ 30, 培風館 (1996)
- 藤井孝蔵, 『流体力学の数値計算法』, 東京大学出版会 (1994)

があり, 前者は宇宙での数値シミュレーション, 後者は数値計算法の基礎, について丁寧で役に立つ.

ニュートリノ輻射輸送について書かれたものはなく, 一般的な輻射輸送 (および流体) の教科書を読むしかない. 日本語では

- 梅村雅之・福江純・野村英子, 『輻射輸送と輻射流体力学』, シリーズ宇宙物理学の基礎 3, 日本評論社 (2016)

がある. 英語では輻射流体力学の教科書が多くあり,

- D. Mihalas and B. Mihalas, "*Foundations of Radiation Hydrodynamics*", Dover Books on Physics, Dover Publications (1999)
- J. I. Castor, "*Radiation Hydrodynamics*", Cambridge University Press (2007)

などがある. 前者は (全部は読まないが) 誰でも横に置いているような代表的な書である. 後者は最近の計算法に基づいてコンパクトにまとまっている.

参考文献

[1] E. M. Burbidge, G. R. Burbidge, W. A. Fowler, and F. Hoyle, Rev. Mod. Phys. **29**, 547 (1957).

[2] P. A. Seeger, W. A. Fowler, and D. D. Clayton, Astrophys. J. Suppl. **11**, 121 (1965).

[3] N. Ishii, S. Aoki, and T. Hatsuda, Phys. Rev. Lett. **99**, 022001 (2007).

[4] Z. H. Li *et al.*, Phys. Rev. **C74**, 047304 (2006).

[5] E. N. E. van Dalen, C. Fuchs, and A. Faessler, Euro. Phys. J. **A31**, 29 (2007).

[6] Y. Sugahara and H. Toki, Nucl. Phys. **A579**, 557 (1994).

[7] T. Suzuki *et al.*, Phys. Rev. Lett. **75**, 3241 (1995).

[8] H. Shen, H. Toki, K. Oyamatsu, and K. Sumiyoshi, Astrophys. J. Suppl. **197**, 20 (2011).

[9] B. P. Abbott *et al.*, Phys. Rev. Lett. **116**, 061102 (2016).

[10] K. Sumiyoshi, K. Oyamatsu, and H. Toki, Nucl. Phys. **A595**, 327 (1995).

[11] H. Heiselberg, ArXiv e-prints (2002), astro-ph/0201465.

[12] N. Chamel and P. Haensel, Living Reviews in Relativity **11**, 10 (2008).

[13] J. W. Negele and D. Vautherin, Nucl. Phys. **A207**, 298 (1973).

[14] K. Oyamatsu, Nucl. Phys. **A561**, 431 (1993).

[15] N. K. Glendenning and S. A. Moszkowski, Phys. Rev. Lett. **67**, 2414 (1991).

[16] R. N. Manchester, G. B. Hobbs, A. Teoh, and M. Hobbs, Astron. J. **129**, 1993 (2005).

[17] B. Kiziltan, A. Kottas, M. De Yoreo, and S. E. Thorsett, Astrophys. J.

778, 66 (2013).

[18] J. M. Lattimer, Annual Review of Nuclear and Particle Science **62**, 485 (2012).

[19] P. B. Demorest, T. Pennucci, S. M. Ransom, M. S. E. Roberts, and J. W. T. Hessels, Nature **467**, 1081 (2010).

[20] J. M. Lattimer and M. Prakash, Astrophys. J. **550**, 426 (2001).

[21] J. Antoniadis *et al.*, Science **340**, 448 (2013).

[22] M. Fortin, J. L. Zdunik, P. Haensel, and M. Bejger, Astron. Astrophys. **576**, A68 (2015).

[23] A. Y. Potekhin, Physics Uspekhi **57**, 735 (2014).

[24] D. Page and J. H. Applegate, Astrophys. J. **394**, L17 (1992).

[25] D. Page, U. Geppert, and F. Weber, Nucl. Phys. **A777**, 497 (2006).

[26] S. L. Shapiro and S. A. Teukolsky, *Black Holes, White Dwarfs, and Neutron Stars: The Physics of Compact Objects* (John Willey & Sons, 1983).

[27] H. Suzuki, Supernova Neutrinos, in *Physics and Astrophysics of Neutrinos*, edited by M. Fukugita and A. Suzuki, p. 763, Springer-Verlag, Tokyo, 1994.

[28] H.-T. Janka, Astron. Astrophys. **368**, 527 (2001).

[29] H. A. Bethe and J. R. Wilson, Astrophys. J. **295**, 14 (1985).

[30] H.-T. Janka, K. Langanke, A. Marek, G. Martínez-Pinedo, and B. Muller, Phys. Rep. **442**, 38 (2007).

[31] K. Sumiyoshi, H. Suzuki, S. Yamada, and H. Toki, Nucl. Phys. **A730**, 227 (2004).

[32] S. Yamada, H.-T. Janka, and H. Suzuki, Astron. Astrophys. **344**, 533 (1999).

[33] S. E. Woosley and T. Weaver, Astrophys. J. Suppl. **101**, 181 (1995).

[34] H. A. Bethe, Physics Today **43**, 24 (1990).

[35] F. Hanke, A. Marek, B. Müller, and H.-T. Janka, Astrophys. J. **755**, 138 (2012).

[36] H. Suzuki, Neutrinos from Protoneutron Stars with various Equation

of States, in *Proceedings of the Fifth International Workshop on Neutrino Oscillations and their Origin*, edited by Y. Suzuki, M. Nakahata, S. Moriyama, and Y. Koshio, p. 332, Singapore, 2005, World Scientific.

[37] K. Sumiyoshi *et al.*, Astrophys. J. **629**, 922 (2005).

[38] K. Nakazato *et al.*, Astrophys. J. Suppl. **205**, 2 (2013).

[39] H. Umeda and K. Nomoto, Astrophys. J. **619**, 427 (2005).

[40] N. Tominaga, H. Umeda, and K. Nomoto, Astrophys. J. **660**, 516 (2007).

[41] W. D. Arnett, J. N. Bahcall, R. P. Kirshner, and S. E. Woosley, Annual Review of Astronomy and Astrophysics **27**, 629 (1989).

[42] K. Nomoto *et al.*, Nuovo Cimento B Serie **121**, 1207 (2006).

[43] S. E. Woosley, J. R. Wilson, G. J. Mathews, R. D. Hoffman, and B. S. Meyer, Astrophys. J. **433**, 229 (1994).

[44] S. Wanajo, Astrophys. J. Lett. **770**, L22 (2013).

[45] C. Sneden and J. J. Cowan, Science **299**, 70 (2003).

[46] S. Ando, J. F. Beacom, and H. Yuksel, Phys. Rev. Lett. **95**, 171101 (2005).

[47] K. Abe *et al.*, ArXiv e-prints (2011), 1109.3262.

[48] K. Abe *et al.*, Hyper-Kamiokande Design Report, (2016), KEK Preprint 2016-21, ICRR-Report-701-2016-1.

[49] T. Yokozawa *et al.*, Astrophys. J. **811**, 86 (2015).

[50] L. Wang *et al.*, Astrophys. J. **579**, 671 (2002).

[51] H.-T. Janka, R. Buras, F. S. Kitaura Joyanes, A. Marek, and M. Rampp, ArXiv e-prints (2004), astro-ph/0405289.

[52] T. Takiwaki, K. Kotake, and Y. Suwa, Astrophys. J. **749**, 98 (2012).

[53] T. Takiwaki, K. Kotake, and Y. Suwa, Astrophys. J. **786**, 83 (2014).

[54] K. Sumiyoshi, S. Yamada, and H. Suzuki, Astrophys. J. **667**, 382 (2007).

[55] Y. Suwa *et al.*, Astrophys. J. **764**, 99 (2013).

[56] M. Hempel, T. Fischer, J. Schaffner-Bielich, and M. Liebendörfer, Astrophys. J. **748**, 70 (2012).

[57] W. R. Hix *et al.*, Phys. Rev. Lett. **91**, 201102 (2003).

[58] H.-T. Janka *et al.*, Progress of Theoretical and Experimental Physics

2012, 010000 (2012).

[59] A. Tamii, P. von Neumann-Cosel, and I. Poltoratska, Euro. Phys. J. **A50**, 28 (2014).

索　引

▌英数字▶

direct Urca ························· 78, 97
Euler の方法 ····················· 101
KAGRA ··························· 173
Lagrange の方法 ················· 101
modified Urca ················· 77, 98
r プロセス ····················· 27, 163
SASI ······························ 178
SN1987A ··························· 1
s プロセス ························· 26
Tolman-Oppenheimer-Volkoff ······ 57

▌あ▶

安定線 ····························· 17
移流項 ····························· 112
ウルカ反応 ························· 77
エキゾチック相 ···················· 69
エントロピー ················· 129, 133
音速 ······························ 101

▌か▶

外殻 ······························ 64
外層 ······························ 103
外部コア ····················· 104, 134
化学平衡 ··························· 58
拡散 ······························ 91
核子 ······························ 13
核種 ······························ 15
核図表 ····························· 15
核統計平衡 ························· 128
核物質 ····························· 32

核物質密度 ····················· 17, 32

核力 ······························ 38
カシオペア A ······················· 5
荷電中性 ··························· 58
かに星雲 ··························· 4
加熱率 ····························· 95
加熱領域 ··························· 95
ガンマ線バースト ·················· 163
クォーク相 ························· 69
京コンピュータ ···················· 195
ゲイン半径 ························· 96
原始中性子星 ················· 92, 151
コアバウンス ················· 104, 134
コヒーレント散乱 ·················· 90

▌さ▶

質量公式 ··························· 18
質量数 ····························· 15
自由伝播 ··························· 91
重力波 ····························· 57
重力崩壊 ··························· 127
準静水圧平衡 ······················ 142
状態方程式 ························· 55
　　——の固さ ················ 34, 36, 63
　　　　固い—— ···················· 34
　　　　柔らかい—— ················ 34
衝突項 ····························· 113
スーパーカミオカンデ ·············· 168
すばる望遠鏡 ······················ 176
斥力コア ··························· 38
相対論的平均場理論 ················ 43
即時爆発 ··························· 106
束縛エネルギー ···················· 18

■た▶

対称エネルギー 18, 33
対称核物質 32
太陽系組成比 23, 164
対流 106
断熱指数 55, 136
遅延爆発 145
チャンドラセカール質量 126
中心コア 91
中性子吸収過程 25
中性子星 29
　　　――の質量 71
　　　――の半径 74
　　　――冷却 75
　　　――物質 58
中性子ドリップ線 22
中性子物質 32
超新星コア 87
超新星ニュートリノ 6, 150
超新星背景ニュートリノ 171
超新星物質 92, 133
鉄コア 6, 25, 126
電子捕獲反応 86
同位体 15

■な▶

内殻 64
内部コア 104, 134
ニュートリノ 82
　　　――加熱 93
　　　――加熱メカニズム 144
　　　――球 117
　　　――振動 172
　　　タウ型―― 83
　　　電子型―― 82
　　　――閉じ込め 92, 133
　　　――輻射輸送 111
　　　ミュー型―― 82
　　　――冷却 94

■は▶

ハイパーカミオカンデ 171
ハイペロン粒子 61
パウリの排他律 66
爆発的元素合成 161
爆発のエネルギー 103
パスタ相 64, 66
パルサー 70
非圧縮率 35
光分解反応 140
フェルミ運動量 30
フェルミエネルギー 30
フェルミ面 30
ブラックホール 56, 186
平均場 37
ベータ平衡 58
ベータ崩壊 20, 82
飽和性 18, 33
星の安定性 55
ボルツマン方程式 112

■ま▶

魔法数 20

■や▶

陽子混在度 22, 32

■ら▶

流体力学的不安定性 178
冷却フェーズ 156
冷却率 95
冷却領域 94
レプトン数 83
レプトン数比 133

著者紹介

住吉光介（すみよし　こうすけ）

1993 年	東京都立大学大学院理学研究科物理学専攻 博士課程修了 博士（理学）
1993 年	日本学術振興会特別研究員（高エネルギー物理学研究所理論部所属）
1994 年	理化学研究所 基礎科学特別研究員
1995 年	理化学研究所 研究員
	マックス・プランク宇宙物理学研究所 フンボルト財団招聘研究員（兼任）
2000 年	沼津工業高等専門学校教養科 講師
2001 年	沼津工業高等専門学校教養科 助教授（2007 年より准教授）
2012 年 – 現在	沼津工業高等専門学校教養科 教授

専　門　原子核宇宙物理学
趣味等　音楽, 映画, 読書, 語学

基本法則から読み解く 物理学最前線 21
原子核から読み解く超新星爆発の世界
The puzzle of supernova explosions
unraveled by nuclear physics

2018 年 10 月 15 日　初版 1 刷発行

著　者	住吉光介 © 2018
監　修	須藤彰三 岡　真
発行者	南條光章
発行所	共立出版株式会社 東京都文京区小日向 4-6-19 電話　03-3947-2511（代表） 郵便番号　112-0006 振替口座　00110-2-57035 www.kyoritsu-pub.co.jp
印　刷 製　本	藤原印刷

検印廃止
NDC 429.5, 443.9
ISBN 978-4-320-03541-6

一般社団法人
自然科学書協会
会員

Printed in Japan

JCOPY ＜出版者著作権管理機構委託出版物＞
本書の無断複製は著作権法上での例外を除き禁じられています．複製される場合は，そのつど事前に，出版者著作権管理機構（TEL：03-3513-6969，FAX：03-3513-6979，e-mail：info@jcopy.or.jp）の許諾を得てください．

毎日コツコツ演習！　1日1題30日でわかる!!

フロー式 物理演習シリーズ

須藤彰三・岡　真［監修］／全21巻刊行予定

① ベクトル解析
—電磁気学を題材にして—
保坂　淳著・・・・・・・・・140頁・本体2,000円

② 複素関数とその応用
—複素平面でみえる物理を理解するために—
佐藤　透著・・・・・・・・・176頁・本体2,000円

③ 線形代数
—量子力学を中心にして—
中田　仁著・・・・・・・・・174頁・本体2,000円

⑤ 質点系の力学
—ニュートンの法則から剛体の回転まで—
岡　真著・・・・・・・・・160頁・本体2,000円

⑥ 振動と波動
—身近な普遍的現象を理解するために—
田中秀数著・・・・・・・・・152頁・本体2,000円

⑦ 高校で物理を履修しなかった人のための 熱力学
上羽牧夫著・・・・・・・・・174頁・本体2,000円

⑧ 熱力学
—エントロピーを理解するために—
佐々木一夫著・・・・・・・・192頁・本体2,000円

⑩ 量子統計力学
—マクロな現象を量子力学から理解するために—
石原純夫・泉田　渉著 192頁・本体2,000円

⑬ 物質中の電場と磁場
—物性をより深く理解するために—
村上修一著・・・・・・・・・192頁・本体2,000円

⑯ 弾性体力学
—変形の物理を理解するために—
中島淳一・三浦　哲著 168頁・本体2,000円

【各巻：A5判・並製本・税別本体価格】

⑱ 相対論入門
—時空の対称性の視点から—
中村　純著・・・・・・・・・182頁・本体2,000円

⑲ シュレディンガー方程式
—基礎からの量子力学攻略—
鈴木克彦著・・・・・・・・・176頁・本体2,000円

⑳ スピンと角運動量
—量子の世界の回転運動を理解するために—
岡本良治著・・・・・・・・・160頁・本体2,000円

㉑ 計算物理学
—コンピューターで解く凝縮系の物理—
坂井　徹著・・・・・・・・・148頁・本体2,000円

* * * * * * * * * * * * * * * * * * *

④ 高校で物理を履修しなかった人のための 力学
内田就也著・・・・・・・・・・・・・続　刊

⑨ 統計力学
川勝年洋著・・・・・・・・・・・・・続　刊

⑪ 高校で物理を履修しなかった人のための 電磁気学
須藤彰三著・・・・・・・・・・・・・続　刊

⑫ 電磁気学
武藤一雄・岡　真著・・・・・・・・・続　刊

⑭ 光と波動
石原照也著・・・・・・・・・・・・・続　刊

⑮ 流体力学
境田太樹著・・・・・・・・・・・・・続　刊

⑰ 解析力学
綿村　哲著・・・・・・・・・・・・・続　刊

（続刊のテーマ・執筆者は変更される場合がございます）

* * * * * * * * * * * * * * * * * * *

http://www.kyoritsu-pub.co.jp/

共立出版　（価格は変更される場合がございます）

https://www.facebook.com/kyoritsu.pub